誰把橡皮擦戴在鉛筆的頭上？

文具們的百年演化史

詹姆斯．沃德 James Ward —— 著

鄭煥昇 譯

Adventures in Stationery

A Journey Through Your Pencil Case

目錄

第一章

我人生的亮點：不能沒有螢光筆

現在人可能難以想像沒有螢光筆會是什麼樣的日子。

很久很久以前——其實也沒有說非常久以前啦，當時如果你想要強調或突顯資料裡的關鍵字或特定細節，就必須畫底線。你也許可以讓紅色的筆跡去跟黑色的油墨產生對比，但也就到此為止了。當時的世界需要一枝筆頭形狀像鑿子，小到挑出一個小字，大能掃平整段敍述，又內含明亮透明墨水不會弄糊或搞髒頁面的這樣一枝筆，螢光筆。不過我們得一步一步來，在要求要有螢光筆之前，我們要先把筆頭做出來。

首先發明纖維筆頭，日後為螢光筆所用的這個人來自日本，他叫做堀江幸夫（Yukio Horie）。所謂的纖維筆頭（很多人稱之為氈製筆頭）的作用大致等同於刷筆，都是吸墨到紙面上揮灑，差別就在於纖維筆頭的墨水在儲存在筆管裡，不像刷筆的墨水是另外用容器或調色盤盛放。一九四六年[1]，堀江幸夫成立了「大日本文具株式會社」（Dai Nippon Bungu Co.），也就是「日本文具株式會社」（Japan Stationery Company）的前身，而日本文具就是日後鼎鼎大名的Pentel[2]。創業之初，蠟筆跟刷筆是公司主要的產品，東西主要賣給學校或教育機構。後來看到原子筆很受歡迎，堀江先生決定自己也來開發一款新筆，他是希望靠有特色的產品來提昇公司的能見度。堀江想的是能做出一枝筆能寫起來有日文筆畫那樣的感覺，但又兼具原子筆的便利。

開始研發後堀江先生取來一束壓克力纖維，然後用樹脂捆縛起來，如此做成的筆頭夠硬，可以形成一個夠細的筆尖，但同時又夠軟，可以吸墨吸得很順暢。筆尖內的微小通道可以產生毛細作用，讓墨水一路直達筆頭，而墨水本身必須稀薄到可以順利流過這些纖維中的通道，但又得黏稠到足以避免滲漏。另外筆管上會有一個小巧的氣孔讓空氣得以逸出，以免溫度升高時筆身內的氣壓升高，高壓同樣會導致漏墨。經過八年研發，堀江幸夫的作品（因為筆跡的線條扎實強韌加上書寫起來堪稱順手，非常適於簽署重要文件，因此被稱作「簽字筆」）終於準備問世。這筆甫推出便石沉大海，市場反應出奇地冷淡，但堀江幸夫把它推廣到美國卻一炮而紅。有段時間簽字筆還紅到美國的白宮，為當時的詹森總統所用。一九六三年，簽字筆獲選為《時代》雜誌的年度最佳產品，甚至連雙子星太空任務都把簽字筆帶到艙內去用。

確實，當時其他業者生產的各式氈製筆頭產品已經行之有年，當中包括李・W・紐曼（Lee W. Newman）在一九〇八年申請專利的「吸墨筆尖」（absorbent tip）與悉尼・羅森陶（Sidney Rosenthal）在一九五二年發明的「魔術麥克筆」（Magic Marker），但是堀江想到用樹脂把纖維綑成一束，才使得筆尖可以集中縮小，造型更加固定精準，也才為我們今天習以為常的鑿形跟子彈形筆尖奠定了基礎。隨著纖維筆尖愈來愈受到歡迎，堀江的貢獻獲得了一九六五年的《紐約時報》肯定。「能夠讓這種書寫工具的商機展現生機，日本一家企業無疑是厥功甚偉」，《紐約時報》記者在文中寫道，「這家總部位東京的日本公司，叫做日本文具株式會社（Japanese Stationery Company），他們的馬克筆取名為「Pentel Pen」，全美許多家庭、學校、辦公室裡都能看到這枝筆的身影。」

1 戰後不久的昭和二十一年。

2 日文名稱是「ぺんてる株式會社」，取其「正在書寫」之意；在台灣是日商「飛龍文具股份有限公司」。

《紐約時報》的文章還提到美國公司也嗅到了這種新筆的商機，於是紛紛跳進去研發。報導裡提到「面對這一快速成長的蓬勃市場，美國主要的原子筆或鉛筆大廠都已經宣布參戰，幾無例外」：

在派克之前已加入戰局的有派克可敬的對手，包括W・A・西華筆業（W.A. Sheaffer Pen Company）、史克利普托公司（Scripto Inc.）、伊斯特布魯克製筆公司（Esterbrook Pen Company）、維納斯製筆與鉛筆企業（Venus Pen and Pencil Corporation）跟琳蒂製筆公司（Lindy Pen Company）；而除了以上與其他為人所熟知的墨水比與鉛筆巨擘以外，我們也不能不提的是名氣小些的速乾化學產品公司（Speedry Chemical Products Inc）——魔術馬克筆的廠商、卡特墨水（Carter's Ink），還有許許多多懷抱著熱情投入寬版馬克筆領域的業者。

看到文章中長長的一串，這麼多家獨立的廠商百家爭鳴，是一件極其令人振奮的事情，這是跟今天只剩少數幾家大財團跟一小票公司的光景實不可同日而語。檢視當年的這份名單，如今不是已經關門大吉走入歷史，就是已經被同業吸收整併——伊斯特布魯克與維納斯於一九六七年合併成為維納斯－伊斯特布魯克公司（Venus Esterbrook），後來又被諾威屈伯德集團（Newell Rubbermaid）的子公司買下，跟派克當起了集團裡的同學；西華現在是比克（BIC）的集團成員；速乾魔術馬克筆品牌變成是克雷歐拉（Crayola）的財產。

隨著由堀江幸夫「整型成功」的纖維筆頭紅遍全美，新式的墨水與色素也開始獲得啟發。比起用酒精當成溶劑的墨水，較輕盈的水性墨水滲入紙張較淺，同時色素製造技術的開展也使得各類黃色跟粉紅等明亮的色彩相繼問世——這些顏色既能躍然紙上，又能保持透明，因此底下的文字依舊清晰，而這也意味著螢光筆的時代正式來臨。

對《紐約時報》的那位記者來說，卡特墨水或許名氣不大，但它絕對是家專業的墨水廠。一八五八年，威廉・卡特在波士頓開了家公司，當時他是跟自己的叔叔租了地方辦公。這家初出茅廬的威廉卡特公司（William Carter Company）原本是紙張的供應商，服務在地的企業客戶。但隨著生意愈做愈大，卡特開始以大量進貨的方式購入墨水，然後分裝成小瓶以自家品牌轉賣。這樣的生意經其實滿聰明，但不巧遇到南北戰爭開打，業務只能戛然而止。這段期間卡特本身的供應商是塔特與摩爾公司（Tuttle & Moore），但合夥人塔特從軍後，摩爾便把生意給收起來，出於無奈的卡特只好支付權利金，取得塔特與摩爾的配方使用授權，然後開始自行生產墨水。

為了容納機器設備，卡特把公司遷到了比較大的廠區，同時跟親兄弟艾德華聯手，公司自此更名為「威廉卡特兄弟」公司（William Carter & Bro）。結果這個名字並不「耐用」，因為沒過多久，卡特三兄弟裡的第三位，約翰，也跑來湊一腳，公司的名稱只好再改為「威廉卡特諸兄弟」公司（William Carter & Bros）。一八九七年，公司又有了新的成員，是卡特兄弟的表親，於是公司名字有變成「卡特兄弟與家族公司」（Carter Bros & Company）。如果威廉一開始能有遠見，取個普通一點而包容性強的名字，那麼後來應該可以省下不少的企業文具設計預算。「卡特兄弟與家族」公司最後終於定名為

「卡特墨水」公司，二十世紀初以各項新產品於市場上活躍。包括打字機專用碳紙（carbon paper）、原子筆、打字機的色帶，乃至於各類新式墨水，都見證了卡特墨水透過創新而歷久不衰的歷史。

一九六三年，看到 Pentel 成功用纖維筆頭的簽字筆闖出名號，加上自身懂墨水，卡特於是有推出了一項新產品：Hi-Liter 螢光筆。Hi-Liter 一開始只有黃色，定價是〇．三九美元（約等於現在二．九九美元）。《生活》（*Life*）雜誌上的 Hi-Liter 廣告文案如下：

> 卡特的閱讀用 Hi-Liter 螢光筆——清楚、「透明可讀」、亮眼的黃色可以為字句、段落、電話號碼與形形色色的東西增色。把東西打上光（Hi-Lite），讓你回頭很快可以找到，寫完馬上乾，墨水不透紙。

說到廣告，Hi-Liter 並不是單打獨鬥，而是跟同公司一系列新式馬克筆一起登場。這裡頭有卡特「超能標」（Marks-A-Lot）——包裹要寫地址？工具、玩具、靴子、箱子上要註明主人姓名？超能標是你的好幫手：顯眼、清晰、不掉漆；還有「超閃標色筆」（Glow-Color）——想替海報上妝，讓文宣布置更有魅力嗎？想在招牌或布告加入點火花嗎？超 high 的新型馬克筆有五色烈焰螢光可選，特殊的效果保證炫目！廣告最重要的是要號召消費者去花錢，卡特墨水的廣告當然也沒忘了這點：「卡特筆種類真不少，快到你平日喜歡的店家去瞧瞧，今天就要買到！」

卡特 Hi-Liter 螢光筆當年賣得很好，現在美國也還買得到。現在的卡特螢光筆有很多顏色可以選，但最暢銷的始終是黃色跟粉紅色，佔總營收的八五％左右。在可見光譜正中央的黃色在紙張上顯得最「跳」，存在感最高，在各種顏色裡算得上最招搖（紅綠色盲的人也看得到）。Hi-Liter 螢光筆把記筆記、改稿與課內閱讀帶進了新的時代，說這枝筆改變了世界可能有點誇張，但也不會太誇張。不過人的世界固然需要一翻兩瞪眼的革命，卻也需要一步一腳印的演進。所以其實也有人對 Hi-Liter 的暴紅不是很開心，例如君特・史萬豪瑟（Gunter Schwanhausser）就是這樣的心情。

一九七〇年代初期，史萬豪瑟人在美國旅行，恰巧在文具店裡看到螢光筆。身為德國人的他有一個習慣是會定期出國去逛考察文具商，以便掌握全球墨水筆與鉛筆的最新發展動態。但史萬豪瑟不是因為好奇心重，不是因為宅，更不是純為了好玩才這麼做，史萬豪瑟的體內可是流著文具的血液。

一八六五年，君特的曾祖父古斯塔夫・亞當・史萬豪瑟買下了成立剛滿十年的葛羅斯柏格與克孜鉛筆廠（Grossburger & Kurz Pencial Factory）。由喬治・康拉德・葛羅斯柏格（Georg Conrad Grossburger）與赫曼・克里斯汀・克孜（Hermann Christian Kurz）在紐倫堡創辦的這家企業命運多舛，營運沒多久就開始負債，所以對當時才二十五歲的古斯塔夫來說其實是一項滿冒險的投資，但英雄出少年，古斯塔夫只用了短短的幾年，就振衰起敝，讓這家工廠起死回生。接手公司十年以後，古斯塔夫用生產「複寫鉛筆」（copying pencil）的製程獲得專利。所謂的「複寫鉛筆」的筆芯內含有苯胺染料（又稱阿尼林油；aniline dye）。把用複寫鉛筆寫好的信件拿去沾溼，然後壓到另一張紙上，得到的就是左右相反的同一份內容。這個過程通常會使用薄可見光的紙，這樣複印完就可以直接從另外一面正常閱讀。

接下來的幾年，史萬豪瑟家的工廠持續成長茁壯，他們家的鉛筆也進入青春期，愈變愈大枝。一九〇六年的巴伐利亞州博覽會（Bavarian State Exhibition）上，公司展出了當時世界上最長的鉛筆（從頭到尾有三十公尺，但比起二〇一一年由施德樓公司做出的怪物鉛筆長達二百二十五公尺，史萬豪瑟只是小巫見大巫了。「在公證人的面前，這枝鉛筆削尖後在紙上寫了幾個字，」金氏世界紀錄網站上煞有介事地這麼記載著）[3]。

一九二五年，史萬豪瑟家的工廠（這時已經簡稱史萬工廠）推出了日後自家最出名的STABILO品牌（這名字從一推出就是統統大寫，以求視覺上的震撼），很多人就算不熟悉STABILO的產品，也一定知道這個品牌。最早掛上STABILO品牌的產品是枝「筆芯極其纖細卻又出奇強韌，釋出的色彩精巧又如絲絨般柔軟」的著色鉛筆（coloring pencil）。這種由奧古斯都．史萬豪瑟博士（古斯塔夫．亞當的小兒子、君特的叔公）發明的新筆芯不僅在當時彩色鉛筆筆芯中算得上最細，也絕對是最強，所以說寫起來最「穩」（所以叫STABILO）。事實上說最強是客氣了，STABILO彩色鉛筆根本就是超強，強到公司都好意思在廣告裡用上「永遠不斷的鉛筆」（The pencil that never breaks）這樣的文宣。這麼大的口氣引起了「鉛筆製造商協會」（the Association of Pencil Manufacturers）的側目與質疑。雙方先是槓上，最後妥協的結果是讓史萬工廠把鉛筆的稱號改成「不會斷的鉛筆」（The pencil that doesn't break）——只不過從我一位母語者的角度看起來，這兩句英文完全是一樣的意思。所以只能說協會這邊好像有點弱。

一九五〇年，君特終於加入家族企業，成為史萬工廠裡的第四代，這時候STABILO系列產品已經包含高檔的墨水筆與鉛筆，此外還添了兩個新的系列，分別是鎖定大眾消費市場的「奧塞羅」（Othello）與目標客群是小朋友的「司瓦諾」（SWANO）。為求多角化經營，公司也做化妝品的生意——

最早是一九二七年的眉筆，後來又加入了唇筆與眼線筆（雖然在英國不算特別出名，史萬的化妝品部門仍每年貢獻集團剛剛好過半的營收）。

美國企業懂得見風轉舵，立刻加入新興的纖維筆頭市場，史萬也不甘落於人後，在一九六〇年代推出了STABILO OHPen（醋酸鹽塑膠透明投影片專用）與STABILO Pen 68（第一枝學習與休閒用纖維畫筆）。父親與兩位叔叔於一九六九年退休後，君特跟同輩的親戚侯斯特（Horst）攜手，侯斯特照顧化妝品生意，君特則專注於開發新的書寫工具。也就是在這段期間，君特第一次見到了螢光筆的模樣。君特看出了這產品的潛力，也親眼看到了美國學生在埋首念書的時候有多愛螢光筆。君特覺得他可以把這樣的潛力延伸到更廣大、更有利可圖的辦公室環境中，但他不太滿意的是當時螢光筆的品質。他覺得當時的黃色墨水「髒髒的」，筆的造型也讓人非常「消火」——單調的圓柱形全沒腰身，筆頭又大的不成比例。他覺得架上看得到的產品統統不及格，他想做一枝獨一無二的螢光筆。君特相信只要自己能克服墨水跟外型的問題，那做出來的螢光筆一定會大受歡迎。帶著這樣的使命感，君特返回了德國。

回到祖國，君特的第一個問題是墨水。墨水不對，他的產品絕不可能比美國人的東西好多少。所幸史萬公司對化學並不陌生。奧古斯都・史萬豪瑟博士（君特的叔公）曾研發過細芯的彩色鉛筆，

3 英國人埃德・道格拉斯・米勒（Ed Douglas Miller）做出一枝更長的鉛筆，二〇一三年九月十七日在英格蘭伍斯特郡的伍斯特市（Worchester, Worchestershire）測量的結果是一千零六十一英尺又四點五九英吋（三二三點五一公尺）長的鉛筆。

撐起了STABILO品牌，奧古斯都的兒子艾瑞奇（Erich）也沿襲了家族的優良傳統，拿到化學博士後才於一九二〇年代加入公司。君特本身並沒有化學相關背景，所以他讓公司的研發主管漢斯－喬琴・霍夫曼（Hans-Joachim Hoffman）負責生產更明亮的嶄新螢光墨水。

螢光墨水與漆料最早是在一九三〇年由加州兄弟檔勞勃與喬・史威茲（Robert & Joe Switzer）研發出來。一次卸貨時發生的意外讓勞勃昏迷了好幾個月，甦醒後他發現自己的視力受損，醫生建議他盡量待在暗室裡等視力恢復。而就在這段「暗室人生」中，他對紫外線、對螢光與磷光性化合物的性質產生了興趣——他敏感的眼睛，還能接受這些黑暗中的光明。勞勃恢復健康以後，兄弟倆就展開了螢光材料的實驗，對象是在父親藥局儲藏室找到的各種東西（他們用紫外線燈照，凡照到會發光的東西都拿來實驗）。他們把找到的天然螢光物質混以蟲膠（shellac）等材料，最後終於調配出一種他們命名為「Day-Glo」（日光）的螢光漆料。這種漆（染）料在戰時被軍方拿來應用——空軍可以俯瞰辨識出身著夜（螢）光布料制服的同袍身分，此外，美軍也把航空母艦上的跑道漆上螢光標線，夜間起飛沒有任何問題，結果是這讓日軍陷於非常不利的地位。戰後這種漆料可見於道路標誌與交通錐上，可見於建物的火警逃生指示上，也可見於各種衣著與休閒產品之上。一九六〇到七〇年代，紫外線光（又稱黑光）收到嬉皮的歡迎，他們會用卡特墨水出品的超閃標色筆（Glow-Color）來設計鮮豔的幻覺海報。至於君特的螢光筆則使用霍夫曼團隊所開發出的墨水。

我一邊閱讀公司的歷史，一邊手握STABILO的鑿刀筆頭，把螢光黃色塗到文字上，上頭寫著「經驗豐富的內部化學專員在漢斯－喬琴・霍夫曼博士的指揮下，短時間內就開發出了亮眼的黃色螢光墨水」，你可以想像這一刻我感受到何等的滿足與震撼，那是種彷彿身歷其境的興奮情緒。對霍夫曼博士跟他傑出的團隊成員來說，用他們的心血結晶來標明這段輝煌的歷史，他們最偉大的成就，絕對是一項無上的殊榮，一種終極的致敬。

雖然螢光筆的墨水有了，但君特還有一大問題沒有解決。前面說過他希望這枝筆要看起來與眾不同，摸起來感覺不同。他要這枝筆獨一無二，而不是有筆管有筆蓋就好。他追求的是新，他指示研發部門提出新的設計，但交出來的東西始終沒法令人滿意。過程中各種設計與概念化身為黏土的模型，有粗有細、有長有短，就這樣研發人員摸索著靈感。最後他們終於選定了一個圓錐形的設計——圓形的筆身一頭大一頭小。信心滿滿的他們覺得這就是了，於是就把黏土版本的筆身設計送到老闆面前，但君特還是不滿意。沒來由地又被打槍，其中一位設計人員的挫折感爆表，於是他便一拳打在黏土模型上，把筆身給壓扁了。沒想到他一氣之下打出的東西，老闆喜歡。

雖然設計的誕生算是個意外，但「胖胖扁扁」的筆身設計還真的很符合實用性，很適合螢光筆。形狀這麼特殊的一個好處是你可以專心讀書，找筆用餘光就可以，另一個好處是扁身讓筆不會滾來滾去，而且夠大、夠壯的體型也讓人覺得安心。君特拍板以後，設計師把被壓扁的黏土送去給工程師開模確定外型，至於筆身的顏色就看墨水是什麼顏色決定。如此就像螢光色躍然紙上，螢光筆本身也會在文具店的「筆海」中非常顯眼。不過，筆身雖然是跟著墨水顏色跑，用扭轉方式開啟的筆蓋則不分墨水顏色，一律都是黑的，這是為了營造同系列產品的統一感。此外，鑿子筆頭被削去一角，因而創造出了一個滿酷的新功能，那就是筆畫的粗細變得可以調整，大的一端可以畫出五公釐（〇．五公分）的粗線條，適合對付大段文字；筆轉到小的這一端，線條馬上只剩下兩公釐，可以單挑一、兩個字解決。

君特對這枝新筆很有信心，但還有最後一件工作需要補完，那就是新筆需要一個名字。這名字要很響亮，要跟筆的形狀一樣很有劃時代的感受，讓人一聽就知道這螢光筆非池中物，最好短而有力，嗯，要不叫 BOSS，STABILO BOSS，聽起來好像還不錯喔。事實上，君特不只覺得這新名字還不錯，他覺得這名字棒呆了，棒到他決定這枝筆不會跟公司其他的產品一樣有個編號，這筆就叫 BOSS，簡單明瞭，STABILO BOSS 是一個完美的存在。

墨水有了，形狀對了，名字取了，君特．史萬豪瑟終於準備好讓 STABILO BOSS 與世界見面。他知道這筆需要認真賣，因為消費大眾已經習慣用一般的墨水筆來畫重點，有什麼理由他們要多花錢買一枝功能從沒見過的怪筆？也就是說，君特要推的不只是一枝新筆，而是一種新的觀念，新的行為。做事很有謀略的君特把筆的樣品送到一千位有頭有臉的德國人手中，裡頭有商界領袖、有大學教授、企業主、甚至連德國總理（chancellor）也拿到一枝。而且每枝樣本還都附上一封書簡，裡頭君特寫道「這筆能簡化你的工作，讓你省下寶貴的時間去做更重要的事情，你桌上應該要有這麼一枝筆。」把這筆可以大大增進工作效率的觀念深植在德國全境的企業高層心中後，君特的第二步就是把這筆寄給中階幹部與部門主管，因為到最後負責下單的不是高層，而是這些人，所以讓他們對螢光筆的看法跟自己一致是勝負的關鍵。結果君特贏了，這些中級主管在試用過之後紛紛點頭。在研發 STABILO BOSS 的過程當中，君特．史萬豪瑟可以說完全把命運抓在自己的手裡，運氣的成分被降到最低。「STABILO BOSS 在推出前的設想與籌劃之周到，可以說史無前例。」君特曾經這樣評論。而皇天不負苦心人，努力終於可收成，STABILO BOSS 黃袍加身，成為全球螢光筆銷路的第一人。

BOSS 螢光筆的成功讓公司得以起死回生。也讓公司有本錢在德國魏森堡（Weissenburg）增設了工廠，專做塑膠射出成型。對史萬工廠來說，有了新工廠的好處便是可以測試新的筆身形狀與設計。之前公司是把研發的重點放在墨水或鉛筆的筆芯，現在則可以專注在人體工學上，包括握起來的手感，乃至於替左撇子開發專用的筆，或是設計出給小朋友用的造型橡膠握把。一九七六年，一大部分在 BOSS 的成功帶動之下，公司把名稱從「史萬鉛筆工廠」（Schwan Pencil Factory）改成「史萬－史岱比洛」（Schwan-STABILO）。

螢光筆撐起了一片天，改變了史萬豪瑟家祚，但一九六三年首創螢光筆的卡特墨水就沒有這麼幸運了。卡特墨水後來被丹尼生製造公司（Dennison Manufacturing）收購，而丹尼生製造後來又跟艾佛瑞國際（Avery International）合併後成為艾佛瑞丹尼生（Avery Dennison）。Hi-Liter 螢光筆至今仍舊是艾佛瑞丹尼生旗下的產品，也還是十分活躍於美國人的書桌上，唯一比較遺憾的就是卡特墨水的痕跡已經差不多消失殆盡，主要是在丹尼生併購的過程當中，卡特墨水的書面紀錄（包括早年的營運合約和很多還沒有好好研發墨水配方）都不知怎的佚失了。

自從一九六三年問世以來，（各種形式）的螢光筆就持續遭遇各種不同的問題與挑戰，其中的大魔王就是辦公室與居家印刷技術的演進。任何一種新的印刷墨水或印刷方式，對螢光筆來說就是新的關卡。螢光筆廠最不樂見的就是筆頭把文件上的墨水帶著跑，在白紙上抹成下一整片模糊的髒汙。有時候為了避免這樣的慘狀發生，螢光筆的廠商會先行招認，用大白話提醒消費者螢光筆的極限。我有一盒從 eBay 上買來的 S510F Pentel 透明馬克筆（S510F Pentel See-Thru Markers），包裝上就載明了「NCR[4]文件不建議使用」，但這枝筆最吸引我的地方就在於它名字裡的「See-Thru Marker」，這名字讓我感覺到它存在於一個架空的宇宙中，在那個平行時空裡大家都說「see-through marker」（透明筆），沒有人說「highlighter」（螢光筆）。

一方面，STABILO 持續螢光筆的研發工作，以便能與印刷的技術一起與時俱進（二〇〇八年的 STABILO BOSS EXECUTIVE 有「獨家專利的抗髒汙墨水，內含特殊色素」，且「經利盟（Lexmark）等印表機大廠測試完推薦」），但另一方面也有人嘗試釜底抽薪，他們追求的是有螢光但沒有螢光墨水的境界，正所謂「本來無墨水，何處惹塵埃」。包括施德樓、Moleskine 等廠商，甚至於 STABILO 自己，都有推「乾式」螢光筆，也就是一種粗芯的螢光**鉛筆**，這筆在紙上寫出來的線條粗壯而帶有亮光。一九九九年，漢高（Henkel）推出了有一種透明的螢光帶可以讓人直接在上面書寫，這產品有一個額外的好處是不用了可以撕掉。距離現在再近一點，百樂在自家的魔擦筆（FriXion）系列中添了一款「可擦」（erasable）的螢光筆，品名叫 FriXion Light——魔擦筆之光。

科技日新月異，我們現在即便沒有文件的紙本，也一樣可以使用螢光。微軟的文書處理軟體 Office Word 就設計有「醒目提示」的功能，其作用就是要「讓檔案在螢幕上看起來有用螢光筆畫過的感覺」（預設的顏色毫不令人意外的是螢光黃）。螢光跟螢光筆已經脫鉤了，這就是我們身處的世界，二十一世紀什麼都可能，什麼都見怪不怪了。

4 NCR公司（NCR Corporation）曾經開發過一款無碳式（carbonless）複寫紙，NCR的意思是no carbon required，即「不需要碳」之意。

第二章
所有關於人的事情，都是筆教我的

Everything I know about people, I learnt from pens.[1]

1 本章標題出自英國國家廣播公司（BBC）從 1999 到 2002 年播出的黑色喜劇《紳士聯盟》（The League of Gentleman），原文是「Everything I know about people, I learned from pens. If they don't work, shake them. If they still don't work, chuck'em, bin them.」（我對人所知的一切，都是跟筆學來的；筆寫不出來，就搖它晃它；再寫不出來，就扔它，丟掉它。人也是一樣）。

在動筆開始寫這本書之前，我跟出版社簽了約。這是規矩。並不是說我不相信出版社，也不是出版社不相信我，只是比起握個手或點個頭，白紙黑字的合約讓大家都比較好辦事。而有鑒於這本書談的是文具，我覺得好像有壓力要好好挑枝筆在合約上簽名。

但怎樣才叫對的筆呢？我想了很久。首先我考慮的是鋼筆。鋼筆成熟、穩重，還有海軍藍的墨色。缺點是好像有一點做作，而且我總覺得鋼筆寫起來很「刮」，總的來說，用鋼筆比較不忠於我自己。中性筆（gel pen）寫起來五彩繽紛，但太隨便。左思右想後我心中慢慢有了答案，也是唯一的答案。別人可能寧願浮誇，甚至炫富，但我不會，我要的風格是不起眼但經典、明確、簡約中透著尊貴。符合這些條件者，「比克水晶」（BIC Cristal）是也。

對很多人來說，「比克水晶」不啻是原子筆的代名詞。我們太熟悉這枝筆，以致於很多人不知道它正式的名稱是「比克水晶」，而且就算知道，我們可能也不會這樣叫，因為這聽起來實在有點矯情。對於無數用過比克水晶的人來說，它就是支「比克拜羅」（Bic Biro）原子筆，比克公司出品的原子筆。話說回來，比克（BIC）跟拜羅（Biro）在歷史上是兩家很不一樣的公司。這兩家公司彼此告來告去，直到併購與聯姻終於把他們合而為一。

馬歇．比許（Marcel Bich）於一九五一年推出了「比克水晶」。在那之前的一九三〇年代初期，他先從義大利移居到法國，在一家辦公室器材公司跟著艾德華．布發德（Edouard Buffard）工作，而這家公司的母公司在英國，名叫「史蒂芬墨水」（Stephens Ink）。二次大戰結束之後，馬歇跟艾德華一起在巴黎近郊的克里希（Clichy）買下一座小工廠，成立了一家「鋼筆、自動鉛筆與零件公司」（la société Porte-plume, Porte-mines et Accessoires），縮寫為「PPA」，並由布發德擔任生產經理，比許的職稱則是董事總經理，就此兩人開始生產零件供應給在地的鋼筆業者。一九四〇年代晚期有生意找上門，問起他們有種新東西叫「原子筆」（ballpoint）的事情。比許就此聞到了商機，並決定自己也來設計一款這樣的產品。

在史蒂芬墨水任職期間，比許結交了一位經商的友人名叫尚・拉佛耶（Jean LaForest）。拉佛耶本身擁有一家小公司是做筆的，然後在一九三二年，拉佛耶跟同事尚・皮紐（Jean Pignon）共同登錄了一份原子筆構造的專利。比許觀察到當時市面上很多原子筆的問題都跟墨水有關，有的會漏出來弄得紙面髒汙成一片，有的會在筆管裡乾掉。於是透過與另外一家高－布朗康（Gaut-Blancan）公司合作，比許開發出了適用圓珠筆這種新產品的墨水。有了墨水，再加上拿拉佛耶跟皮紐的筆身結構設計當基礎，比許就此領先一同進軍原子筆市場的許多對手，克服了許多棘手的問題。同時PPA的「塑膠加工」（Decolletage Plastique）設計團隊以傳統鉛筆的六角形筆身作為基礎，創造出了現在大家習以為常的原子筆造型。就這樣到了一九五〇年底，新的原子筆做好了登場前的所有準備。

「比許」的拼法是「BICH」，其中最後一字母H被拿掉，就成了家喻戶曉的「比克」（BIC）品牌，但一開始賣這枝筆的仍是PPA公司，賣了兩年（一九五三）才改名為比克公司（la societe BIC）。BIC開賣時有五種顏色可選，除了常見的黑色、藍色、紅色、綠色，還有一種……嗯，特別場合會用得上的紫色；若不論顏色，則比克（BIC）系列有三種款式。第一種是不能補充墨水的「水晶」（Cristal），售價是舊法郎六十元（約莫是今天的一・五英鎊）；第二種是可以補充墨水的「歐佩克」

（Opaque，意思是不透明），售價是舊法郎一百元（約等於現在的二．五英鎊）；第三種是頂級版本的「姬洛切」（Guilloche，一種精巧的蝕刻幾何花紋），售價是舊法朗兩百元（約五英鎊）。雖然算起來是一次性的水晶相對最貴，但它真的很方便，所以也最受到消費者的青睞。光在第一年，比克水晶就賣出了兩千五百萬枝。

接著幾年，公司開始積極行銷，包括在廣播上打廣告，在平面媒體上打廣告，也在電影院裡打廣告。一九五二年的環法自由車賽（Tour de France），PPA 公司租了一輛麵包車，在車頂上裝了一枝超大的比克水晶原子筆，然後讓車子跟著選手跑來跑去。由於夾道替選手加油的老百姓很多，這則行動廣告堪稱「金店面」，效益極高，事後證明 PPA 公司這招果然奏效。到了一九五八年，比克公司一天生產的原子筆就有上百萬枝。也算飲水思源，比克直到今天都仍持續贊助環法自由車賽。

一開始，比克原子筆裡的圓珠是不鏽鋼，一九六一年換成硬度更高的鎢鋼（碳化鎢），自此比克公司開始推出品筆尖更細的產品。為了區隔標準的一公釐（1mm）產品與新推出的○．八公釐水晶細字筆（Crystal Fine），公司用新採行的企業識別色給新筆添了件亮橘色的新外殼，而且一直沿用到今天，就連其他同業都曾經跟進用過亮橘色來區隔自家的細字筆跟其他產品。為了宣傳新的細筆尖，比克公司請到了平面藝術家師雷蒙．沙維涅克（Raymond Savignac）幫他們設計了一個吉祥物叫「比克男孩」（BIC Boy）。比克男孩基本上就是個身後斜背著一枝筆的學童，只不過他的頭正好是鎢鋼鋼珠做的。比克男孩到今天都還沒有退役，依舊是比克公司的最佳代言人。

誰把橡皮擦戴在鉛筆的頭上？

比克水晶的設計靈感來自於傳統的鉛筆，但它的血統可以上溯至到很久以前，確切地說，是可以追溯到到人類文明的發軔。有長達三萬年的時間，人類會在牆上或在陶土上做記號，這是人類遠祖了解世界的一種方法。現有最早的洞穴壁畫，有些只是手指在陶土上留下的痕跡，但隨著這些圖畫的意義固定下來，變成正式而接近語言的東西，人類慢慢開始使用一些簡單的工具來產生象形的符號。蘆葦被壓入陶土中，產生出來的便是楔形文字（cuneiform script：楔形文字屬於人類最早的書寫系統，源自約西元前四世紀的美索不達米亞居民，得名於拉丁文裡的「cuneus」，意思就是楔子）。在埃及，蘆葦做成的刷子會蘸著以拿碳煙（soot）混合水製成的墨汁在紙草的頁面上寫字。之後慢慢地，蘆葦刷演變成蘆葦筆——先把蘆葦桿頭弄出一個尖端，然後在上面切出一小個缺口來當作「筆尖」。墨水可以從空心的蘆葦桿上方倒入，接著慢慢滲流到筆尖，就像現代的鋼筆一樣。

西元大約六世紀，羽毛筆開始出現。蘆葦筆跡偏寬的線條在粗糙的紙草上可以接受，但隨著相對平滑的羊皮紙（parchment）與仿羊皮紙（vellum）問世，筆跡的線條也有必要變細。羽毛（通常為鵝毛）中間的羽桿有著優於蘆葦的彈性，因此可以切得更細，同時也比較不容易裂開。歷史上最早明確提及羽毛筆，是西元六二四年，當時身為西班牙塞維亞主教的聖伊西多羅（Saint Isidore of Seville）同時講到了「羽毛筆」（pinna）跟「蘆葦筆」（calamus），顯示當時這兩種筆都仍在使用：

> 記事員（scribe）的工具是蘆葦筆跟羽毛筆。運用這兩種工具，文字可以固定在扉頁上。蘆葦筆源自植物，羽毛筆來自鳥禽。筆尖一分為二，握桿維持筆的完整性。

聖伊西多羅還說明了兩種筆分別如何得名：

> 蘆葦筆之所以叫「calamus」，是因為它的功能是把液體的墨水給置放到平面上，而在水手的術語中「calare」的意思就是「置放」；羽毛筆之所以叫作「pinna」是源自「懸掛」（拉丁文的 pendendo），也就是「飛行」，而羽毛正是來自會飛行的鳥類。

羽毛筆適合當成書寫工具這點無庸置疑，否則羽毛筆也不會一直沿用到十九世紀，才終於被金屬製的筆尖給取代。話說金屬筆尖其實早在羅馬時代就已經存在，只是當時相對罕見，畢竟要生產出能夠在筆跡線條的細緻程度與表達能力上與羽毛筆匹敵的金屬筆尖，是有難度的事情。相對於羽毛筆，蘆葦筆跟原始的金屬筆尖有一項共同優勢是筆身內可以儲存些墨水。一直得從壺裡沾墨水這點不僅拖慢了書寫的速度，還會導致筆觸力道的輕重不一。

西元十世紀，穆埃茲．里丁．阿拉（Al-Mu'izz li-Din Allah）[2]以哈里發（皇帝）之尊下詔以金屬材質製筆，其成果被認為是現代鋼筆的原型。身兼哈里發史臣的努曼．塔米米法官（Qadi al-Nu'man al Tamimi）在西元九六二年的著作《君王講道、周遊、行腳與行政敕令之書》（*Kitab al-Majalis wa'l-musayarat wa'l-mawaqif wa'l-tawqi-at*）中記載了哈里發渴望要創造出一枝「無需倚賴墨池，本身內含有墨汁的筆」。這筆會注滿墨水，使用者書寫完畢後「墨水會自動變乾。持筆者可將之收入衣袖或其他地方，無須擔心服裝遭到玷汙，墨汁連一滴都不會滲漏出來。墨水要流淌出來除非執筆者主動，除非書寫的企圖明確。」努曼曾質疑這東西的可能性，哈里發的回答是：「真主旨意如此，就有可能。」

結果短短幾天的工夫，哈里發的工匠就呈上了一枝「黃金打造」的筆，但因為「筆的出墨量稍大了點」，哈里發下令讓工匠把筆拿回去調整。調整完之後的新筆不論「在掌中上下顛倒，左右傾斜，都不會有墨汁滲出」。努曼法官深受此筆感動，寫道他在這筆中看到了：

……高尚的道德典範，因為若非得到確切的指令，若非有能符合書寫初衷的目的存在，否則這筆絕不會洩露半點內容物。人必先有欲書寫之誠，此筆方允其裨益，人必先有召喚之德，此筆始放流墨液。

可惜的是，努曼法官並沒有詳述此筆如何能有這樣超凡的識人之明，也沒有留下此筆機械結構的任何一點說明。

十六世紀有許多人嘗試同一件事，那就是要設計出內含有墨水匣的筆。像達文西的《大西洋古抄本》（*Codex Atlanticus*）裡就有繪於一五〇八年的圖裡畫著內部建有圓柱狀墨水匣的筆，匣上有

2 北非伊斯蘭法蒂瑪王朝（西元 909-1171 年，Fatimid Dynasty）極盛時的第四任哈里發。法蒂瑪王朝於中國歷史中稱為綠衣大食（「大食」為波斯語 Tajik 之音譯，自唐代開始成為中國對阿拉伯的統稱）。

封蓋避免墨水外溢。瑞典國王古斯塔伍．阿道爾夫二世（Gustav Adolph II）於一六三二年獲贈銀筆一枝，內附有墨水匣可連續寫上兩個小時。丹尼爾．史溫特（Daniel Swenter）在其一六三六年出版的《算數物理學之精妙》（*Deliciae Physico Mathematicae*）中提到一種羽毛筆裡內襯有另一枝羽毛筆，其中第二枝羽毛筆用以盛裝墨水，上以軟木塞封頂。一六六三年，山謬爾．佩皮斯（Samuel Pepys）提及收到威廉．考文垂（William Conventry）的來信，「信內附了一枝他保證非常實用，可以攜帶墨水的銀筆。」確實，佩皮斯很可能就是用了這枝筆在倫敦橋下「下車點燭」[3]寫了封信給湯姆．何伊特（Tom Hater），交代了自己「從不知道把筆、墨、蠟集於一身有如此之便。」

進入十八世紀初期，採用金屬筆尖且可以連續使用十二個小時左右的「無盡筆」（endless pen）或「續寫筆」（continuous pen）開始出現，惟這些筆的購造設計相對複雜，加上漏墨的風險未除，製造成本又高，因此羽毛筆仍廣為使用直到十九世紀中期，才被金屬版本取而代之，而所謂「金屬版本」的羽毛筆，就是「沾水筆」（dip pen）。

說到十九世紀，就不能不提工業生產的技術突飛猛進，金屬筆尖因此可以做得更細，也較以往更有彈性許多，於是金屬筆尖開始盛行。比起羽毛筆，金屬筆尖不僅更耐用，也更能以低廉的成本大量生產。金屬筆尖會安裝在玫瑰木或銀質的握桿上，筆尖若磨損便加以更換，相當便利。只不過有人很排斥金屬筆尖過於銳利，以至於刮過紙面會產生摩擦觸感，如法國文豪雨果（Victor Hugo）就對金屬筆尖非常不以為然，說這東西是「針」，另外法國作家與評論家居勒．加南（Jules Janin）更直指金屬筆尖是「萬惡的淵藪」。居勒的說法是：

鋼製的筆，這個現代的發明，給我的印象很差。就好像人得不情願地跟滴著毒液且難以察覺的一把小刀成為戀人，其尖如劍，其雙刃揮舞如謗者之舌。

後來發生的事情，居勒跟雨果應該會很傷心，因為羽毛筆已經確定出局。

一八〇九年，佩里葛林．威廉森（Peregrine Williamson）在巴爾的摩申請了專利給一款「金屬製書寫用筆」，不過後來成為世界金屬筆之都的倒不是美國的巴爾的摩，而是遠在大西洋對岸的英國城市伯明罕（Birmingham）。一八二二年，約翰．米契爾（John Mitchell）在伯明罕開發一套系統生產鋼質筆尖，事隔六年，約西亞．梅森（Josiah Mason）開了工廠，沒多久梅森就成為英國單一最大的製筆業者。時至十九世紀中期，舉世過半數的「鋼」筆都產於伯明罕。這些筆屬於大量生產，成本低廉，加上東西耐用，因此在學校裡頭蔚為風潮。一直到二十世紀的後半葉，沾水筆在校園中都還可見（甚至於到一九八〇年代我上小學時，有些課桌椅上都還看得到墨池的設計）。說到這裡，鋼製筆尖的沾水筆或許取代了羽毛筆，但它們有一項共同的缺點仍然存在，那就是每寫幾筆就得沾一下墨水。

早期的鋼筆要補充墨水，常用的是滴管。透過滴管，瓶裝的墨水便可以填充到鋼筆的筆管當

3 山謬爾．佩皮斯在一六六五年十一月二十八日的日記裡提到「天亮前晨起，與卡克（George Cocke）登上四騎六座馬車過倫敦橋。心有一念即於橋邊下車，引路旁供人繳費之攤上燭光書信一封予何伊特兄，方知集筆、墨、蠟於一身有如此之便。」

中。滴管的構成是一根薄薄的玻璃管，上頭套著顆橡膠球當幫浦用。這有幾個缺點。首先，用鋼筆的人得隨時把滴管帶在身上，再者，滴管的玻璃非常單薄，一不小心就會弄破。於是鋼筆加滴管的組合慢慢被一種東西取代，這東西就是內含有橡膠墨囊的「自動充墨」鋼筆。

其實在一八九二年，德國人雨果・西格爾特（Hugo Siegert）曾經提出一種給鋼筆補充墨水的方式，只可惜沒有風行起來。西格爾特的「墨台與筆桿組」（Combined Inkstand and Penholder）是用一條長長的橡膠管把鋼筆跟一大瓶墨水給連起來，然後墨水瓶的頂端有一顆橡膠球可以用來把墨水「打」到鋼筆裡。按照西格爾特的說法，「一瓶墨水一次可以插一根以上的橡膠管，因此好幾枝鋼筆可以同時注入墨汁」。這樣的設計竟然沒有流行起來，我實在百思不得其解。試想一間辦公室裡所有的人，所有的鋼筆，可以用橡膠管網同時連到中心點的一大瓶墨水，然後所有的筆可以一次餵飽，那會是何等壯觀，會有多像在看泰瑞・吉蘭（Terry Gilliam）的電影《巴西》（*Brazil*）[4]。如果你也是辦公室裡的白領員工，請建議老闆或負責買文具的人這麼做，我們需要有人把這一幕演出來！

第一枝大賣的鋼筆，出現在一八八四年。那一年，路易斯・艾德森・華特曼（Lewis Edson Waterman）設計、推出了「理想牌」（Ideal）鋼筆。一八三七年生於紐約的華特曼做過很多工作。雖說他只受過基本的教育，但出社會之後他當過老師、賣過書、拉過保險。而他之所以會心生一願，設計出改良版的鋼筆，是在以賣保險維生的期間。有次他好不容易得到一個客戶，一張高額的保單眼看就要簽了，沒想到他的鋼筆漏了水，在契約上弄出一大方墨漬。華特曼只好跑去重弄一張合約，但就這一會兒工夫，客人反悔了，人消失得無影無蹤。那天之後，華特曼決心不讓這樣的慘劇重演。

這樣的佳話讓人神往，但也很瞎，我幾乎可以判定此說必然是假。網站「古董筆」（Vintage Pens）的西村．大衛（David Nishimura）研究了華特曼鋼筆公司（Waterman Pen Company）的促銷文獻，其中在一九〇四年的企業刊物《鋼筆預言家》（*Pen Prophet*）裡發現一篇篇幅很長的文章，當中鉅細靡遺地交代了公司起源的各個細節，但卻完全沒提到任何跟這「美談」有關的事情，事實上，在一九二一年之前，公司文獻裡完全沒有任何「墨漬」理論的蛛絲馬跡，而一九二一年距創辦人華特曼辭世已經二十年整。西村因此認為是華特曼公司的廣告部門編了這個故事來美化創辦人的歷史定位，目標是要把路易斯．艾德森．華特曼的形象修成跟銀幕上的詹姆斯．史都華（James Steward）[5]一樣，是個內心老實，做事情腳踏實地的平凡人。

華特曼的鋼筆設計是要「自動地將定量的墨水穩定導向筆尖」。除橡膠筆管可以儲存墨水外，筆尖設計有若干細長的「縫隙」或「開口」可結合重力與毛細作用之力將墨水引到筆尖。相較於以往的眾家設計，華特曼的想法真的是單純得出奇。一九〇五年，詹姆斯．馬金尼斯（James

4 英國電影導演泰瑞．吉蘭（Terry Gilliam）一九八五年的作品，是一部黑色幽默的科幻片，主要演員有強納森．普萊斯（Jonathan Pryce）跟勞勃．狄．尼洛（Robert De Niro）。

5 一九〇八—一九九七，美國電影、電視、舞台劇三棲演員，電影代表作眾多，較著名者有希區．考克（Alfred Hitchcock）導演的《迷魂記》（Vertigo）與《後窗》（Rear Window），螢幕形象正直、謙沖、誠實。

Maginnis）以鋼筆為題，發表了一篇的演講，內容後來登在《藝術協會期刊》（*Journal of the Society of Arts*）裡，馬金尼斯在演講中提到：「『理想牌』鋼筆的墨水流動，甚得設計力求簡化之精髓」。簡要的設計與製造的高品質使華特曼的鋼筆一炮而紅。幾年之間，這枝筆的產量便從一週三打躍升到一天好幾千枝。二〇〇六年，路易斯・艾德森・華特曼入選美國國家發明家名人堂（US National Inventors Hall of Fame）。名人堂網站上的簡介說華特曼「據稱曾因劣質鋼筆漏墨而沒在第一時間簽下保單生意，自此立志改良鋼筆設計」。嗯，最好是。

一九一三年，派克筆公司（Parker Pen Company）推出「按鈕充墨」（button filler）系統。這個很簡單的機制是在筆管上安了一顆按鈕，筆尖浸到墨水中的時候按一下，一個推桿就會壓迫筆身內的墨囊。再放開，墨水就會填充到鋼筆裡頭。派克另外還新推了一款「摺疊刀」（Jack Knife）式的筆蓋，是一種「蓋中有蓋」的概念，目的是要防止漏墨。創辦人喬治・派克（George S. Parker）說：「派克的東西夠新潮，所以大家會看；夠實用，所以大家會買。」

派克公司在這時期生產的鋼筆大都比較正經，材質基本上是黑色的電木（ebonite），也就是硬質的塑膠。但是很快地，一名派克員工的觀察改變了這一點。一九二〇年，路易斯・提柏（Lewis Tebbel）跑去找老闆喬治・派克提了一個很簡單的想法。提柏想的是：與其做普通的上班族生意，何不把目標瞄高一點？有一說是這對老闆跟員工站在公司大樓的屋頂往下看，結果提柏指著底下車潮裡的黑頭車，提出了他的建言。沒錯，景氣也許很糟，但如果有人開得起名車，名筆就沒道理賣不出去。而名筆才能賣貴，才能賺錢。

誰把橡皮擦戴在鉛筆的頭上？

提柏心目中的那枝名筆，那枝可以多賣錢的筆，就是綽號「大紅」（Big Red）的「派克多福」（Parker Duofold）。「大紅」有著閃亮的橘紅色電木外觀，有著刻意訂高的零售價格，但還是甫推出就受到追捧，短時間內成了身分地位的象徵。後來追加的四種筆身顏色「現代綠」（Modern Green）、「滿州黃」（Mandarin Yellow）、「翡翠青」（Jade Green）與「海珠綠」（Sea Green Pearl），名稱也都夠響亮，讓多福的奢侈品定位更加確立。不過，派克公司在一九三三年又推出了「派克真空」（Vacumatic），多福的位置就被取代了。「派克真空」的墨液容量幾乎是大紅的兩倍，而且賽璐璐的筆身有著明暗交錯的條紋，使用者可以從外面看到墨水的水位。不過，話說「派克真空」的後繼者，才是派克真正最成功的產品。

一九四一年推出的「派克五一」之所以得名，一方面是因為前瞻（筆名五一比推出年分四一早了十年），一方面是因為懷舊（這筆的研發完成於一九三九年，派克筆公司的五十週年）。派克五一問世前十年，派克先推出了自家的快乾墨汁「Quink」，但這之後公司又開發出一種比 Quink 更快乾的墨水，號稱「隨寫即乾」而且顏色超有個性，有「印度黑」（India Black）、「突尼斯藍」（Tunis Blue）、「中國紅」（China Red）、「泛美綠」（Pan American Green）可選。可惜的是這墨水有腐蝕性，當時市面上一般鋼筆的橡膠蓄墨槽跟賽璐璐筆管根本承受不了。派克沒法子，只好開發出研發出派克五一來消化這些賣不出去的新墨水，因為派克五一的筆身材質是璐彩特（Lucite），一種當時以航太應用為主，性質強韌的透明塑膠。派克五一的筆尖是十四 K 金，外頭包覆有鉑釕合金（Plathenium）。筆尖全由貴金屬構成的特色在於派克五一可經磨合「去迎合主人的書寫風格，只消數小時的使用便能達到最順暢的狀態，然後數十年如一日地好寫」。

嗯——兩百磅的大男人拿新的派克五一寫字，豪邁地連寫數小時，派克五一會在他手中展現男子氣概；但如果是纖細的女子拾起派克五一，她也必然能以女性特有的氣質馴服這筆。不用放大鏡，看的人也不會把這兩種筆跡混在一起。

由創辦人喬治・派克的兒子肯尼斯・派克（Kenneth Parker）帶領馬林・貝克（Marlin Baker）、蓋崙・塞勒（Gaylen Sayler）與米爾頓・皮克斯（Milton Pickus）聯手設計出的派克五一有著流線外型，像火箭也像轟炸機（名字裡也有個五一的P-51野馬式戰機倒是跟派克五一沒有關係，不過派克公司還是在廣告裡猛打兩者很像），再加上前面說過包覆有鉑釕合金的個性筆尖，派克五一的設計霎時成了當代的經典。如包浩斯（Bauhaus）學校[6]的教師拉斯洛・莫哈力－納吉（Laszlo Moholy-Nagy）就形容派克五一是「人類現代小型工具的設計典範」，讚美它「輕、方便、輪廓極佳、無一絲彆扭、功能性臻於完美」。

美國投入二次大戰後，派克五一的生產受到「戰時生產委員會」（War Production Board）的管制，畢竟戰時物資不比平常，必須優先作為前線使用。但跟競爭對手很不一樣的是，即便國家在打仗，派克仍舊很高調地打廣告，結果是因此創造出來的需求好多年都消化不掉。「經銷商能拿到的派克五一必須配給，」公司的廣告裡說，「但各位應該還是可以找間熟悉的店家下訂。」

相對於拉斯洛・莫哈力－納吉很欣賞派克五一，另外一位拉斯洛的看法則大異其趣。拉斯洛・拜羅（Laszlo Biro）生於一八九九年，來自猶太裔家庭，父親是牙醫。一次大戰爆發之後，拜羅在一九一七年進入軍官學校就讀。一戰尾聲他退伍之後，拜羅追隨兄長喬基（Gyorgy）的腳步習醫。在大學期間，拜羅開始對催眠產生興趣，以此為主題跟自己的哥哥合寫了多篇專論。拜羅開始演講示範，最後輟學離開校園。（「我是匈牙利認真看待催眠實務的第一人」，他日後寫道，「催眠賺錢之多，讓我實在無心繼續向學。）

接下來若干年，拜羅開始嘗試各種不同的工作，但都做不久。他賣過保險，出過書，也在貿易公司裡從事過石油進口。在貿易公司上班期間，拜羅用賺來的錢跟朋友買了一輛中古的布加迪（Bugatti）跑車，打算兩週後參加在布達佩斯的一場賽車，但這時他連車都不會開。而在學車的過程中，他發現離合器是一個很大的障礙，於是他決定要開發一款自動變速箱，但這並不是拜羅第一次想發明東西。在這之前，拜羅曾以自己父親的設計為基礎，註冊過一款「加水鋼筆」的專利。只要用管子注水到這枝筆裡，裡頭的固體墨心就會溶化。另外拜羅還發明過一台「洗衣機」，同樣也申請了專利。只是加水鋼筆也好，洗衣機也罷，似乎都沒闖出什麼名號，主要還是因為他老跳來跳去，定不下心來做一件事情。不過剛剛說到的齒輪箱他倒是跟朋友聯手研究了年餘，終於有個設計讓他們稍微覺得滿意。兩人以此跟通用汽車簽了為期五年，每人保障月領一百美元（約當

6 德國國立包浩斯學校（Staatiches Bauhaus），簡稱包浩斯（Bauhaus），教授學科為藝術與建築。其中「Bau」在德文中即「建築、建造」，「Haus」即房屋之意。

今天的一千零二十五英鎊）的合約，只是這齒輪箱最終也沒能進入產線。

這之後，拜羅換了個新工作——記者，任用他的是每週發行的匈牙利左派報紙《新前進報》（*El re*）。有天他人跑去報社的印刷室，結果遇到了一件倒楣事。主要是印刷的機器溫度很高，他的「百利金」（Pelikan）[7]鋼筆因此漏水，但他看著印刷機的滾輪運作，突然間靈感湧現。他開始思考能不能用類似的概念來製作新筆。據說一九三六年的某天，拜羅人坐在咖啡館，試著想在紙上勾勒出這枝新筆的藍圖。新設計最大的一個瓶頸是印刷的滾輪只能朝單一方向前進，但書寫工具必須能夠四面八方移動。就在拜羅坐在咖啡廳裡，苦思不出東西的時候，他突然看到街上有孩童在玩彈珠，其中一顆彈珠滾過積水，在地上留下了一道水痕。目睹這一幕的拜羅像被雷打到，他想到了！關鍵就是珠子！

用珠子來作為墨水與紙張的橋樑，拜羅並不是第一個想到。美國麻塞諸塞州有一位約翰·路得（John Loud）就曾經申請過專利給一枝筆，這枝筆以珠子作為書寫的接觸點，「好處極多，尤其利於在木頭、粗糙的包裝紙，乃至於各種不平的表面上做記號」。約翰·路德開了先河之後，又有許多人的許多設計前仆後繼，也登記了專利，但這些早期的原子筆大都有個問題：珠子太大顆，所以筆畫很粗——唯二的例外之一是前面提過，拉佛耶（LaForest）跟皮紐（Pignon）兩人與馬歇·比許合作的設計，另一個則是保羅·埃斯納（Paul Eisner）跟溫澤爾·克萊姆斯（Wenzel Klimes）的作品。但撇開珠子與筆畫的粗細不說，這些筆還有個問題是品質不穩定，動不動要麼漏墨，要麼寫不出來。拜羅是少數努力想改善設計的人，而且他鎖定的不只是筆跟珠子的問題，他還把心思動到了墨水上面。

有了目標的拉斯洛找上自己的哥哥，喬基。這時候的喬基是位牙醫，懂些化學，於是拉斯洛讓他負責新墨水的開發，目標是要能用在新筆上。喬基為此造訪了一位教授應用化學的大學老師，並表明自己的來意是要找出一種墨水可以「在匣中保持液態，但一碰到紙馬上變乾」，沒想到教授立刻打臉他說「不可能」。教授解釋說「染料有兩種，一種乾得很快，一種乾得很慢，你說有種墨水可以自己想乾就乾，想不乾就不乾？這不僅現在不可能，以後也不可能」。這話聽完整整六年，拜羅跟哥哥都在努力著要把教授的臉給打回去。

這時期的拜羅除了繼續在報社上班，通用汽車給的每個月一百美元也還在領。但即便有這兩筆固定收入，製作原型產品仍舊是非常燒錢的事業。有位兒時玩伴厄莫．蓋勒特（Imre Gellert）適時入股，算是多少贊助了一些資金，但拜羅知道要想爭取到更多投資，他跟喬基就必須要拿出不會出包的樣品，畢竟原型筆老是漏墨或寫不出來也不是辦法。每次出去跟準金主開會，都是喬基負責介紹產品，至於蓋勒特則會在桌底下偷偷試筆。如果今天的筆沒問題，蓋勒特就會把筆拿到金主面前獻寶；如果筆今天鬧彆扭，蓋勒特就會假裝忘了帶筆然後跟投資人重約下一次見面，還保證下次一定會把樣本帶來。

7 德國品牌，「百利金」德文為鵜鶘之意。

有一次跟一位銀行家圭勒莫・維葛（Guillermo Vig）約了在南斯拉夫[8]開會，去的是拜羅跟蓋勒特。兩人提早到了飯店，正用自家的樣品在櫃檯填資料時（這天的筆剛好能用），旁邊有位長者先是看到，然後問起了他們的筆。這位紳士自我介紹是來自阿根廷的「胡士托將軍」，還說自己對設計產品很有興趣。拜羅跟蓋勒特到了將軍的房間與他深談，結果胡士托將軍說他覺得這筆在阿根廷應該可以有一番作為，還主動表示兩人如果有興趣，他可以代為安排申請簽證，於是雙方約好幾個月後在法國巴黎的阿根廷大使館再見，到時候再來討論合作的細節。至於跟維葛開會的過程很成功，兩造同意在巴爾幹地區鋪貨，一年估計的量在四萬枝左右。會後，拜羅跟蓋勒特聊起了跟胡士托將軍的「邂逅」，還把將軍的名片秀給維葛看，結果兩人才從維葛的口中得知胡士托將軍不是別人，而是阿根廷的前總統奧古斯都・佩特羅・胡士托（General Augustin P. Justo）將軍，他來南斯拉夫是要推展兩國的雙邊貿易。

這時候在匈牙利，反猶太的氣氛日益高漲，猶太裔的拜羅因此決心在二戰結束前離開祖國。一九三八年十二月三十一日，他來到了法國。但其實在法國並沒有什麼搞頭（加上簽證也快要過期），他於是在一九四〇年動身前往阿根廷，喬基也在一年後追隨他而去。在阿根廷，拜羅跟喬基一位病人的老公路易斯・朗搭上線，一起開了家拜羅 SRL 公司（Biro SRL），一九四二年推出創社產品，一枝名為「伊特筆」（Eterpen），名字帶有永恆（eternal）之意的原子筆，但墨水的問題仍舊沒有解決，主要是墨水一乾掉，整枝筆就動不了，然後就是一堆退貨得處理。公司週轉原本就很拮据，資金水位一下就乾了，山窮水盡的朗只好找上他的律師，而律師把他引薦給了一位亨利・喬治・馬丁

（Henry George Martin）。

這位馬丁，一八九九年生於倫敦，一九二四年移居阿根廷。兩人見面時朗拿出伊特筆，馬丁看了也很滿意，於是代表一群投資人買下了拜羅 SRL 公司百分之五十一的股份。拜羅的許多設計後來可以授權到美國給永利（Eversharp）跟埃伯哈特費柏（Eberhard Faber）兩家企業合夥成立的一家新公司，馬丁扮演了其中的要角。一九四四年，活躍的馬丁另外跟邁爾斯飛行器有限公司（Miles Aircraft Ltd）的費德列克・邁爾斯（Frederick Miles）合夥在倫敦開了家「邁爾斯－馬丁製筆公司」（Miles-Martin Pen Company）。馬丁前腳剛從英美返回阿根廷，後腳就有個美國商人米爾頓・雷諾（Milton Reynolds）找上門來。雷諾聽聞馬丁公司在做原子筆，很希望能取得授權，把這產品引進到美國。但馬丁才剛跟永利／埃伯哈特費柏簽約，所以沒辦法再授權產品設計給雷諾茲。雷諾於是心一橫，決定另起爐灶。他打算自己做一枝筆出來，而且要搶在永利／埃伯哈特費柏之前於美國上市。

一九四五年十月二十九日，雷諾的國際筆（Reynolds International Pen）正式推出，成為美國有史以來第一枝市售的原子筆。雷諾跟在紐約的金貝兒（Gimbels）百貨公司簽了獨家經銷合約，還在《紐約時報》上廣告說這是「將掀起書寫革命的奇蹟之筆」，說這是「神奇的、屬於原子時代的、奇蹟般的筆，是你讀過、好奇過、引頸期盼過的『鋼筆』（fountain pen）可以不用加墨水連寫兩年。」

8 現已分裂成斯洛維尼亞、克羅埃西亞、波士尼亞與黑塞哥維那、蒙特內哥羅（黑山共和國）、馬其頓、塞爾維亞等六個獨立共和國，其中塞爾維亞內含科索沃、伏伊伏丁兩個自治省。

（雷諾在這裡用「鋼筆」來稱呼自家的產品，讓人有點丈二金剛摸不著頭腦，但當時確實所有筆管裡有裝墨水的筆都叫做鋼筆，要到後來原子筆或其他的新筆普及了，社會上才開始在名字上細分）。買雷諾牌國際筆還附帶保證：

您的雷諾國際筆從購買日起若寫不滿兩年，可至金貝兒百貨退貨，我們會立刻退錢給您。

雖然零售賣到十二．五美元的高價（相當於現在的一百六十美元），但搶先永利／埃伯哈特費柏在美國上市確實有先見之明。《紐約客》（*New Yorker*）雜誌說國際筆開賣當天早上「有五千人聚集在百貨公司門口，等著要衝進去買筆。結果五十多名警員被緊急調來維持秩序」。最後第一天的銷售成績是一萬枝，前三個月賣掉超過一百萬枝。後來，雷諾曾說國際筆能一炮而紅，真的是掌握了「天時」。「我知道筆一定得在一九四五年的聖誕節前開賣，」他解釋說，「時機一定要抓得剛剛好。戰後民眾渴望一點奇蹟，而且他們不想等，不能等，馬上就要。國際筆只要晚一年上市，我怕可能一枝都賣不出去。」

另一方面，拜羅花了好幾年的時間調整設計，而相對於急就章的雷諾筆單靠重力，拜羅的設計核心是讓毛細作用跟重力把墨水帶到筆尖。因為只靠地心引力帶動墨水，所以說雷諾筆必須讓墨水的流動性強些。雷諾把為此開發出的墨水稱為「絲緞流」墨水（Satinflo），名字很好聽，但寫在紙上卻會糊成一片，曬到太陽或浸到水還會褪色。雷諾製筆還有另外一項失誤是沒有在筆身上開個氣孔（air-vent），結果是筆寫著寫著，內外空氣不流通，墨水中間會出現「真空」的斷層，然後墨水就流不動了。沒有氣孔的另外一個問題是只要溫度一升高（比方把筆放在暖和的西裝外套口袋裡），熱脹就會導致漏墨。一言以蔽之，國際筆就是不行，就是問題一堆，一整個就是NG產品。開賣後才八個月，雷諾更換的瑕疵品就高達十萬零四千六百四十三枝。當時的派克筆尚未加入原子筆的戰局，但他們家的小開肯尼斯．派克還是酸說只有國際筆能「透過紙寫出八份副本，但寫不出一個正本」。

一九四六年，永利終於推出了自家的原子筆：永利CA，其中CA是英文「毛細作用」（capillary action）的縮寫，因為拜羅的專利設計就是運用毛細原理。比起「倉促成軍」的雷諾國際筆，永利CA顯然先進許多。永利CA的產品發表是辦在一場雞尾酒會上，會場位於紐約的聖瑞吉斯酒店（St. Regis Hotel）。為了證明這枝筆有多強韌，永利在現場把一枝CA當成釘子，用鐵鎚給敲到木頭裡，另外又拿了一枝CA封在加壓的罐子裡，為的是證明搭飛機沒問題。甚至於永利最後還把一枝CA丟到液態氮[9]裡，好讓大家知道這筆耐得住極端的溫度。算是鬧場吧，雷諾筆業選在永利CA於梅西百貨首賣的同一天推出了叫做「雷諾四百」的新筆。雖然說是新筆，但老毛病都還在——這麼說吧，這天梅西的員工特意戴上白手套來展示永利的新筆，負責賣雷諾筆的金貝兒同仁敢嗎？絕計不敢。

9　氮在常溫下的沸點約攝氏負一九六度，低於此溫度呈現液態。

不過時間久了，新鮮感沒了，美國消費者發現自己手中拿著一枝多少會漏墨，也不是很好用的產品。永利ＣＡ固然是比雷諾有著顯著的進步，但它還是有自己的問題。同一時間，市場上開始充斥著廣告打得天花亂墜的廉價山寨產品。到了一九四〇年代的尾聲，原子筆在美國的銷售萎縮到只剩一年大概五萬枝。原子筆的泡沫破了，留下的是一灘墨漬。

所幸還有人相信原子筆不僅於此，這人叫派翠克·佛利（Patrick Frawley）。佛利用四萬美元買下了陶德筆業（Todd Pen Company），改名為佛利企業（Frawley Corporation），然後用新研發的墨水推出了「比百美」（Paper-Mate）系列原子筆，那年是一九四九。隔年一九五〇，佛利替公司的按鈕式機關申請了專利，以此推出的「叮咚」（tu-tone）伸縮式原子筆（售價一·六九美元）恢復了消費者對這個年輕產品的信心。一九五三年，佛利開始猛打廣告，為此公司找來夫妻檔明星助陣，太太是葛西·艾倫（Gracie Allen）：「我就是喜歡比百美的風格，還有亮眼的新顏色！」，先生是喬治·柏恩斯（George Burns）：「比百美的按鈕功能真的很棒！而且很穩！」。另外公司還設計了一個「心心相印」的簡單標誌放在廣告裡。就這樣，比百美站穩了品牌的腳步。一九五〇年，公司的營收是五十萬美元，隔年變成兩百萬美元，一九五三年暴增到兩千萬美元。一九五五年，佛利以一千五百五十萬美元的代價把比百美品牌賣給了吉列公司（Gillete）。從四萬美元沒幾年變成一千五百五十萬美元，這投資報酬率算是不差了，而也所幸有佛利，原子筆才又得到了民眾的尊敬。

派克一向專注鋼筆生意，外加派克五一暴紅後，公司更是不太想加入原子筆的混戰，主要是愛惜羽毛的他們很怕自家鋼筆的好口碑會被拖下水。在確信鋼筆的名聲不會受到影響的前提下，派克曾經跟原子筆「曖昧」過一陣子。一九五〇年，派克公司以當紅的「及時雨卡西迪」（Hopalong Cassidy）牛仔角色為基礎，生產了一款嶄新的原子筆。雖然公司不諱言這款筆「由派克公司生產銷售」，但他們仍堅稱「這不是派克筆，派克公司也不屬於原子筆產業」。不過最後派克公司還是屈服在潮流之下，大陣仗進軍原子筆市場。先是有好幾年的時間，派克的設計團隊努力研發伸縮式的產品，然後終於在一九五三年的秋天，他們啟動了「快攻行動」（Operation Scramble），預計用九十天的時間把原子筆從繪圖板上送進生產線。

就這樣，派克記事筆（Parker Jotter）於一九五四年一月問世，一直生產到今天。派克記事筆背後是一群六十六人的設計團隊，比起對手，這枝筆的書寫時間長六倍，而且有細、中、粗三種線條可以選擇。不過最重要的一點還是：它不會漏水。使用者每按一次派克記事筆，把筆頭叫出來或收回去，筆頭都會自動旋轉九十度，這樣就可以避免掉鋼珠座（housing）磨損不均的狀況。只不過雖然下了這麼多的功夫要確保品質，派克還是很擔心一個不小心，記事筆就會把自己的招牌給砸了。所以一開始，記事筆並沒有派克最有名的箭簇筆夾，主要是肯尼斯・派克顧慮萬一這筆賣不起來，外界不會太把它跟派克聯想在一起。但結果顯然是他多慮了，暢銷的記事筆於推出四年後掛上了派克家族的箭簇筆夾。到今天為止，市面上售出的派克記事筆已經超過七百五十萬枝。

在北美，投機份子如米爾頓・雷諾之流或許把原子筆之名給弄臭了。但在歐洲，原子筆的命運稍微沒那麼坎坷。前面說到亨利・馬丁（Henry Martin）跟拉斯洛・拜羅（Laszlo Biro）攜手合作，加上費德烈克・邁爾斯（Frederick Miles）有工程方面的背景，三人合組的邁爾斯－馬丁製筆公司於一九四五年在英國推出了他們的第一枝「拜羅牌」（Biro）原子筆，結果一戰成名。二戰期間的物資短缺意味著產量有限，坊間供不應求，因此零售店每個月的配額只有二十五枝。廣告宣稱這原子筆「可以不換筆芯而連寫至少六個月，實際可寫時間要看您寫字的量而定」，也就是說這筆是「可換筆芯的」（refillable），這個形容詞放在原子筆前面，在當時還是個很新鮮的字眼，但這也是這枝筆的重點。不過，儘管可以換筆芯歸，客人卻必須自己跑一趟到店裡（部分店家提供郵寄更換服務，客人可以把空空如也的筆寄去，隔天店家會把換上新筆芯，至少可以再戰半年的筆寄回給客人）。一九四七年開始，原子筆廠商開始在英國愈開愈多。短短兩年過去，英國已經有超過五十家公司生產販售原子筆。

為了在愈來愈擁擠的市場中維持優勢，也為了掌握兵家必爭、重要性不言可喻的聖誕節商機，邁爾斯．馬丁公司推出了一系列的特色新品，當中包括「拜羅墨水筆」（Biro-quill）——「這枝精美的聖誕節新品有六種亮彩可選，純正的墨水筆血統，筆身裡穩穩地裝著可替換的拜羅墨水匣；拿拜羅墨水筆送禮物美價廉，任何室內都會因它的色彩繽紛而蓬蓽生輝」；新產品中另外還有鎖定成年消費者的「拜羅．芭莉塔」（Biro Balita），這是枝內建有打火機可以點菸的原子筆——「世界上獨一無二的聖誕禮物」。

一九五二年，邁爾斯－馬丁製筆公司在買下以天鵝牌鋼筆聞名的馬比－陶德有限公司（Mabie-Todd & Co.Ltd.）之後蛻變成拜羅－天鵝有限公司。同年，亨利．馬丁提起侵權訴訟控告馬歇．比許非法侵害了拉斯洛．拜羅的專利。好玩的是，比許的同事尚．拉佛耶也早先對邁爾斯－馬丁公司提告該公司的產品侵犯他一九三二年的專利，但最終拉佛耶並沒有告成，而亨利・馬丁的提告卻獲得了法官的認同。法院一審原判決比許存貨要全部下架，但比許另外以付給權利金的方式跟馬丁和解，表示願意每賣出一枝筆就付給拜羅天鵝公司零售價的百分之六，如要換墨水更會給到費用的一成。這樣的運作方式一直維持到一九五七年，那一年比克公司（la societe BIC）買下了拜羅天鵝有限公司百分之四十七的股份，再隔十年，比克公司又買下了拜羅天鵝剩餘的股份。一九六四年，亨利・馬丁的兒子約翰・馬丁娶了馬歇・比許的女兒卡洛琳為妻，兩家公司可以說是親上加親。馬丁跟比許兩家族雖然在成為親家後過著幸福快樂的日子，但拜羅家就沒這麼受上天眷顧了。拜羅慢慢地被迫脫手自家公司的股權，一方面是財務上有問題需要解決，一方面是要把家人接到阿根廷跟他會合。晚年的拜羅替阿根廷筆廠希爾瓦潘（Sylvapen）擔任顧問度日。

一九五〇年代中期，原子筆在美國市場的銷售量已經是鋼筆的三倍之譜。而原子筆勝出的一大關鍵就是鋼筆仍得倚靠瓶裝的墨水，而這樣不僅麻煩，還很容易弄得到處都是。為了跟方便和品質都已經打響名號的原子筆一爭長短，華特曼（Waterman）公司推出了第一枝採用丟棄式墨水匣的華特曼CF鋼筆（Waterman CF）。早在一八九〇年，老鷹鉛筆公司（Eagle Pencil Company）就推出過墨水匣，但當時的玻璃材質過於脆弱。甚至於華特曼公司也嘗試過玻璃的墨水匣，包括在一九二七年跟一九三六年都曾製作出樣本，但玻璃就是玻璃，強度不夠的問題始終沒有突破。後來是因為工業技術進步，塑膠墨水匣成為選項之後，一次性墨水匣的概念才真正起飛。

不過，即便有一次性塑膠墨水匣的加持，鋼筆還是不可能像原子筆一樣價錢便宜外加使用方便，但也有人就是喜歡這一味。二〇一二年，英國廣播公司（BBC）報導說鋼筆的銷售量逐年上升，包括亞馬遜（Amazon）表示二〇一二年的鋼筆銷量是前一年的兩倍，而派克筆也歡慶鋼筆的「復活」。這一切看起來好像是鋼筆來了個絕地大反攻，但真相是鋼筆每隔一段時間就會「反攻」一次。媒體的報導顯示：一九八〇年，「鋼筆的人氣大反彈」；一九八六年，「金字塔頂端的族群對高價鋼筆的興趣回溫」；一九八九年，鋼筆歷經多年的蟄伏「終於走出陰影」，再度成為「生活中的一大亮點」；一九九二年，鋼筆欣見「人氣大回籠」；一九九三年，民眾「對鋼筆重燃興趣」；一九九八年，「名牌鋼筆重返市場」；二〇〇一年，「經典鋼筆再掀市場買氣」。

鋼筆明明歷久彌新，偶爾賣得好些照講不是新聞，但這件事卻能一直上新聞的一個原因是：我們潛意識總覺得鋼筆怎麼可能一天到晚在那裡捲土重來？這樣的「新聞」之所以會引起我們的注意，讓我們覺得有趣、有「新聞性」，但又不至於去懷疑新聞這樣講到底合不合理。進入到電子郵件的時代，我們會想當然爾地認為鋼筆的銷售只會一年比一年差，光是聽到鋼筆銷量歷久不衰就已經夠讓人吃驚，遑論偶爾還會飆高一下。但拿筆寫字在人類生活中永遠有一席之地，而且隨著這方園地愈來愈小，我們還會愈發覺得要好好愛護這個祕境。最近一次鋼筆「復活」，在派克筆歐洲、中東與亞洲區營運負責辦公室用品的副總裁葛登．史考特（Gordon Scott）曾如此評論：「對人類來說，鋼筆已經從書寫工具轉化成比較像是外觀的配件。」在凡事傳電子郵件，人手一支蘋果手機的年代，再便宜的鋼筆也能象徵身分地位，也能傳達出某種訊息——拿鋼筆不代表你多有錢，但能顯露你的品味與氣質不凡。當然如果你想要用鋼筆來炫富，也絕對是做得到的。

一九〇六年，德國商人阿佛列・內赫米耶斯（Alfred Nehemias）與工程師奧古斯都・艾伯斯坦（August Eberstein）去了趟美國，途中看到市售的新型鋼筆，驚為天人。回到德國後，他們聯絡了在漢堡（Hamburg）的文具商克勞斯・約翰拿斯・佛斯（Claus-Johannes Voss），三人決定自己也來設計生產一枝。這之後短短的兩年間，辛普羅填充墨水筆公司（Simplo Filler Pen Company）就推出了創社產品「紅與黑」（Rouge et Noir）鋼筆。或許是要宣示公司產品對高超品質的堅持吧，他們把接續的系列產品定名為「白朗峰」（Mont Blanc）[10]，也就是歐洲最高峰。一九一三年，他們決定採用六芒白星的標誌來象徵白朗峰的山巔，這就是「萬寶龍」（Mont Blanc 的中文音譯）公司名稱與商標的由來。

一九二四年，萬寶龍推出首枝「大師傑作」（Meisterstuck）鋼筆，然後在一九五二年推出了「大師傑作 149」（Meisterstuck 149）。推出雖然已超過半世紀，但大師傑作 149 的黑色樹脂筆身外加筆蓋上鍍金的三環外型，至今都還是這個系列的註冊商標。另外，每枝大師傑作 149 的筆尖上都鐫刻有數字「4810」，也就是白朗峰本尊的海拔標高。

在「大師傑作」的品牌底下，萬寶龍開始販售一系列的高價精品，這當中除了鋼筆之外，還有腕錶、皮件與珠寶。一九八三年，萬寶龍推出了貴金屬的「大師傑作單顆寶石」（Meisterstuck Solitaire）系列，其中包括純金的「大師傑作單顆寶石 149」。一九九四年，鑲了四千八百一十顆鑽石

10　法語意為「白色的山峰」，地點位於法義交界處。

的萬寶龍「大師傑作單顆寶石皇家」（Meisterstuck Solitaire Royal）成為金氏紀錄上全球最昂貴的鋼筆，要價七萬五千美元。但一山還有一山高，二〇〇七年，萬寶龍跟梵克雅寶（Van Cleef）聯手推出的萬寶龍神祕傑作（Monblanc Mystery Masterpiece）開價七十三萬美元（超過兩千兩百萬台幣）。七十三萬美元換一枝筆，這是什麼情形？

這種程度的奢侈，自然不是一般人可以想像的。一般人可以接受的還是價格親民許多的原子筆。隨著原子筆於一九五〇年代日漸普及，消費者雜誌《買哪個？》（*Which?*）抓了市面上二十一枝主要的原子筆產品來測試，那是一九五八年的事。「測試的重點是要看這些筆會不會漏墨？」《買哪個？》雜誌解釋說，「看這些筆在不同的緊迫狀況下會有多狼狽？好不好寫？筆芯可以撐多久？組裝的品質如何？」為了確保每枝筆的測試條件都一模一樣，出版社還設計了一連串的縝密測試，他們希望過程可以盡量「科學」。

《買哪個？》雜誌認為「筆如果做得好，在高的地方也不會漏墨」，所以他們把筆送到一萬五千英呎（約四千五百七十二公尺）的高空，在未加壓機艙中待一小時後返回地面。同樣的程序反覆十二遍之後，雜誌社的結論是「沒有任何一枝筆出現漏墨的跡象，包括筆頭跟筆身都沒有。」初選全部過關。

為了確認「筆放在衣服內裡的口袋會發生什麼事情？」雜誌社把筆（頭朝下）掛在華氏九十度（攝氏三十二點二度）的烤箱裡「烤」十二個小時後拿出來檢查一下漏墨，接著再烤十二個小時後檢查第二次。這樣跑完一輪後，同樣的實驗會重來一次，只是這次溫度會調高到華氏一百二十度（攝氏近四十九度），這是一個把筆放在太陽下曬，或悶在包包裡或外套口袋裡，然後包包或外套剛好被丟在暖爐上的概念。說到要測試原子筆忘在暖爐上的外套口袋裡會怎樣，真的放支原子筆在暖爐上的外套口袋裡不是會更逼真，更準確嗎？這是我揮之不去的想法。但總之，經過雜誌社不厭其煩的實驗，這階段不幸被淘汰的包括有皇后大道100跟125號（Queensway 100 & 125）、滾珠蘿塔收縮原子筆（Rolltip Rota Retractable）跟滾珠頭原子筆型號二十二（Rolltip Model 22）。《買哪個？》雜誌認為「放在包包或外套口袋裡有可能會漏墨，是非常不理想的狀況」。

當然《買哪個？》雜誌也測試了每枝筆好寫的程度，當然，比起能否承受一萬五千呎高空的低壓或華氏一百二十度的高溫，好不好寫應該才是筆最值得比的東西吧。為了進行測試，雜誌社又不辭辛勞組裝了一台「寫字機」來「消除人為因素的干擾」。這台機器會一次「握」數枝筆，然後「同步以同一條件」測試這幾枝筆，至於測試的內容則是「描近似大寫D的輪廓，字體大小則是在滾過一百英呎（約三十·四八公尺）的白紙後，每枝筆都描了大約一英哩長的線」（「大約」這兩個字在這裡是小小的敗筆，畢竟雜誌社自己說希望科學，希望精確）。

每支筆芯基本上會拿三支作為一組一起測（部分筆芯會用到兩組共六支作為對照組）。「這牽涉到的工作是我們要檢視的紙張長度超過一千英呎（近三百零五公尺），要檢查的線條距離遠超過一百三十英哩（兩百零九餘公里）。」雜誌社員工那天上班應該很血汗吧！不過這付出是有代價的，因為測試的結果顯示「說到漏不漏墨，任何類型的原子筆都不能保證萬無一失」，同時「即便是同一個品牌的筆芯，表現上也會有很大的落差」。「英國白金牌淨點」（Platignum Kleenpoint）[11]跟「史克利普托

250」（Scripto 250）是最終獲評定為「以原子筆的本質而言」CP值最高的兩款產品。

如果有枝筆一定能通過《買哪個？》雜誌的考驗，那這殊榮應該非「費雪太空筆」（Fisher Space Pen）莫屬。當年有個與美蘇太空計畫實情相違背，但外界傳得沸沸揚揚，甚囂塵上的都市傳說。按照謠言終結網站 Snopes.com 的考證，一九九〇年代晚期有一封四處流傳的電郵內容如下：

> 有件事值得各位想想
>
> 一九六〇年代的美蘇太空競賽中，美國太空總署（NASA）遇到一個大問題。太空人需要一枝能在真空中書寫的筆，於是太空總署開始想辦法。砸下一百五十萬美元後，太空總署搞出一枝「太空筆」。你們有人可能還有印象，太空筆在民間也算賣得不差。
>
> 俄羅斯也有同樣的難題，他們想到的辦法是用鉛筆。

這個故事的用意是要告訴大家思考問題時要「跳出框框」，有時候最簡單的辦法就是最好的辦法。所以也難怪有「非線性思考」（lateral thinking）之父稱號的艾德華・德・波諾（Edward de Bono）會把這個故事收入他一九九九年出版的《新千禧年的新思考模式》（*New Thinking for the New Millennium*）一書。問題是，這個故事的真實性是零。

真相是雙子星三號（Gemini 3；發射日期為一九六五年三月二十三號）的組員確實有帶鉛筆上去，而且當時還引發了一些爭議，因為後來有消息傳出，該任務採購三十四枝鉛筆就花了四千三百八十二・五美元，相當於每枝鉛筆是天價的一百二十八・八四美元，相當於今天一枝鉛筆賣你九百六十美元，而且最後帶上船的才兩枝。被迫要出面給個交代的時候，太空總署的勞勃・吉爾魯斯（Robert Gilruth）的解釋是：「實際上所用的書寫方案主體是小型鉛筆，而該鉛筆購自地區性的辦公室用品商，單價是每枝一・七五美元。」至於後續的成本會追加到一百二十八・八四美元，是因為「紙帶卷軸、卷軸底座跟鉛筆筆座的製造與組裝都需要錢。」他的意思是，你不可能到上太空前才到轉角的文具店買枝鉛筆，無重力的環境裡你得有紙帶卷軸、卷軸底座跟鉛筆筆座這三樣配套的東西。這說得過去。

在更早的水星計畫（Project Mercury）任務裡，太空人用過油性鉛筆（grease pencil），但這玩意兒有好些個「不足之處」，包括「太空人戴著厚重的手套不好拿這筆、無良方避免鉛筆亂飄、鉛筆萬一飄走有可能卡到重要的齒輪裡頭。」而為了防止鉛筆亂飄此一大風險，「有關單位開始研究餐廳女服務生或一般文職人員常用的一種裝了彈簧，可以伸縮的普通鉛筆。」這種「普通鉛筆」只消一・七五美元就能擁有。可惜「經測試顯示這種鉛筆的構造裡有彈簧夾，而彈簧夾是一種重力裝置（gravity device），無法在失重的空間中運作。」而能用的替代品需要設計、需要製造、需要測試，但產量又非常之小，所以單價才會飆高到一百二十八・八四美元的天價。「如果是一般公司辦公室所需要

11 原先要註冊的公司名稱與日本白金牌（Platinum）相同，只好被迫改為 Platignum。

的量，」吉爾魯斯說，「那單價自然可以壓低很多。」

總之，在無重力的環境裡，鉛筆絕對不是最佳解方。鉛筆的筆尖可能斷裂而招致精密的器材損壞，甚至有可能會飄進太空人的眼裡造成傷害。相對之下，原子筆比較沒個問題。所以如果說太空總署捨棄唾手可得的鉛筆，硬要把簡單的事情弄得很複雜，這並不是事實，此外，同樣不是事實的還有太空總署砸了大錢找替代方案。

因為說到太空筆的開發，太空總署可是連一分錢都沒花。發明太空筆的人叫做保羅．C．費雪（Paul C. Fisher），他完全是自費在做這件事情。第二次大戰期間，費雪在工廠上班，做的是用在飛機螺旋槳上需要的滾珠軸承，那是需要相當精密性的產品與作業。而或許也正是因為這樣的背景，才讓他有靈感與動機去嘗試生產原子筆筆頭那極小的鋼珠。戰後他開發出了一種「泛用筆芯」的墨水匣，宣稱可以裝在所有品牌的原子筆裡頭。在這之前，每家原子筆廠商都是各自為政，每家的筆芯都有自身的獨特規格。「這種百家爭鳴的情形有很多缺點，而且對大眾與商家而言也非常不方便，這點我想不需我贅言。」費雪在一九五八年的專利申請書中作了上述的發言。「沒有一家零售商可以備齊眾家原子筆的筆芯，消費者往往得連跑好多家店，才能找到手中原子筆適用的筆芯。」但費雪的雙眼可不止是盯著原子筆的筆芯，他其實充滿了萬丈雄心。

一九六〇年，保羅費雪參加了美國新罕布什州總統初選，對手是大名鼎鼎的約翰．甘迺迪（John F. Kennedy）。保羅硬闖甘迺迪在新罕布什州立大學舉辦的一次造勢大會，「翻過記者席的桌子，跑到講台上。」當日費雪的訴求是要有同等的時間對台下群眾發言，而甘迺迪也沒有異議，只淡淡地說：「憲法只規定總統參選者必須是美國人——在美國出生的公民，並且年齡滿三十五歲就行。費雪先生跟我都符合以上的規定。」最後贏的自然是甘迺迪。

沒選上總統的保羅回到原子筆的老本行。無疑是受到老對手甘迺迪總統在一九六二年宣示要在十年內把人送上月球的刺激，費雪開始投注心力到「反重力筆」的研發上。費雪自掏腰包投資了超過一百萬美金開發有加壓墨水匣，因此不但可以「在太空中寫字」，還可以用包括「上下顛倒」在內的任何角度寫字的原子筆。費雪把成品送到太空總署測試，結果所有的項目都以高分過關。真要說，太空總署對費雪有意見的不是他產品的品質或表現，而是他的廣告文案。費雪送審的一張廣告草稿上說這筆是「保羅費雪特製，用於美國太空計畫」；太空總署的回應建議他在「用於」的前面加上個「可」字。

這份文宣還說費雪的筆是「唯一一枝可以在真空與無重力的外太空下書寫的筆」，但其實纖維筆尖也在太空中服役過了，所以太空總署建議費雪把文案改成這筆是「唯一一枝可以在真空與無重力的外太空中書寫的原子筆」。不過，雖然歷經了這些個小插曲，太空總署最終確實以四到六美元的單價為阿波羅計畫下訂了數百枝費雪的太空筆。此後，費雪就可以光明正大地說自己的筆「用於美國太空計畫」了。

不過在商言商，即便是在美蘇太空競賽的高峰，一枝筆賣四到六美元也不是什麼很大的生意。所幸對地球上其他不急著上太空的數十億人來說，太空筆也是還滿有賣點的。美國情境喜劇《歡樂單身派對》（Seinfeld）有一集就叫〈那枝筆〉（The Pen），裡頭演到主角傑里（Jerry）看到賈克・克隆帕斯（Jack Klompus）在用「那枝筆」，眼睛為之一亮的傑里馬上問賈克這筆是什麼來頭。「你說這枝筆？這是太空人用的筆，它可以頭下腳上寫字，他們在太空中就用這筆。」賈克做了如上的解釋。「我常常在床上寫東西，」傑里說，「每次我都得轉過身來用手肘撐著寫字，這樣筆才寫得出來。」傑里說得沒錯，可以上下顛倒寫字即使在地球上也是一種優勢（不過話說回來，我不確定在太空中有沒有所謂上下的區別），但賈克把筆遞過來的時候，傑里還是不好去接的。費雪的太空筆「到處」都可以寫，這包括攝氏零下四十五度的嚴寒中、攝氏一百二十度的高溫裡、無重力的真空環境、水底下、油脂上——甚至於上下顛倒！這裡的關鍵句是「甚至於上下顛倒！」，這樣說讓我很感冒，因為言下之意彷彿是有人會樂意在冷熱溫差高達一百六十五度的地方寫字，又好像在說躺著寫字是某種極限運動似的。

隨著原子筆在一九五〇年代勢不可擋地崛起，而拿原子筆就是要寫字，於是很多人開始擔心起這新發明對「手寫字體」可能產生的衝擊。在一九五五年的《自學寫好字》（*Teach Yourself Handwriting*）一書中，作者約翰．樂．F．鄧波頓（John Le F. Dumpleton）提到：

> 就字跡審美的觀點而言，（原子筆）最大的缺點在於其極細的筆尖。極細筆尖所產生的線條粗細統一單調，加上滾珠寫起來絲毫不費力，書寫者完全不受到任何限制與挑戰。惟若是久經鍛鍊的能寫之人，則非正式場合的書寫仍可有令人滿意的成果。

這樣聽起來，問題似乎出在原子筆的拿法。派克早期賣原子筆會附上小本的使用說明書，裡頭提到「為求書寫效果的提升與原子筆壽命的延長」，建議消費者執筆時「採取較鋼筆使用時更為垂直的角度」。使用傳統鋼筆時，較佳的書寫角度是與紙張成四十五度，但滾珠座的設計使原子筆必須在書寫時接近垂直。此外，原子筆的線條粗細一致，則被認為使寫出來的字跡喪失個人特色。為了回應這樣的批評，拜羅筆業有限公司（Biro Pens Ltd）在一九五一年的大英工業展（British Industries Fair）中找來了「筆跡大師」法蘭克・德里諾（Frank Delino）：

在十一天的時間裡，德里諾面談了六百八十位受訪者，看過了他們用拜羅原子筆寫下的字跡，幾乎所有案例裡的「病人」都不得不承認德里諾對他們字跡的判讀極其精準。用拜羅原子筆寫字會沒個性，證明是空穴來風。

法蘭克・德里諾何許人也？他是筆跡學（graphology）的大將，筆跡學又是什麼學問？筆跡學主張字跡經過分析可以透露出人的性格。當時的新聞影片有拍到德里諾認定舞台劇與電影演員席拉・辛姆（Sheila Sim）具有「藝術性格」（artistic），又表示葛蕾西・菲爾茲（Gracie Fields）展現出「堅毅的決心」，而他的根據只是兩位女星的簽名而已。「對德里諾來說這是科學，」影片的旁白如是說，「也是一門生意。」主要是生意吧，我想。

德里諾能從字跡看出席拉・辛姆（Sheila Sim）跟葛蕾西・菲爾茲（Gracie Fields）的個性，其實有一點作弊，主要是他當時應該已經知道這兩位女士的來頭，分析的話只不過是看「人」說故事，對其品頭論足一番而已。話說已經知道你分析的人是誰，很顯然會大大影響筆跡學專家說出口的評語。

二〇〇五年的達沃斯經濟論壇（Davos Economic Forum）期間，英國《每日鏡報》（*Daily Mirror*）的一位記者先是輾轉拿到一張便條上有著筆記與塗鴉，然後以此找了一位「筆跡學家」來分析英國首相東尼．布萊爾（Tony Blair）的心理狀況。「他不太能專心，會東想西想」英國筆跡學協會的伊蓮．奎格利（Elaine Quigley）說，「但他知道自己最終可以釜底抽薪把事情處理好，畢竟他是『鐵氟龍』東尼。」《泰晤士報》（*The Times*）引述另外一位筆跡學家說塗鴉顯示布萊爾「這人衝動、不穩定，且正承受著龐大的壓力。」幾天之後真相大白，原來塗鴉的主人不是英國首相布萊爾，而是微軟總裁比爾．蓋茲（Bill Gates）。「沒人想到要來唐寧街十號問那是不是首相的手稿，畢竟任何人都看得出來那塗鴉跟首相的字跡截然不同，」首相官邸的發言人如此評論。

所以如果說筆跡學是一門偽科學（其實也不用如果啦），我們難道就完全沒辦法從字跡看出這人的一些端倪嗎？嗯，筆跡學裡所謂「開放的橢圓」或「翹起的線條」或許不行，但有一樣一點也不抽象的東西或許可以，那就是墨水的顏色。一九五四年在金斯萊．艾米斯（Kingsley Amis）的《幸運的吉姆》（*Lucky Jim*）一書中，主角吉姆．狄克森（Jim Dixon）收到一封信，而且信紙乃是「從筆記本裡隨手撕下來的一頁，上頭歪七扭八的字跡用的是綠色的墨水。」這墨色似乎在訴說著寫信的人「個性成謎」。書裡寫信的人叫 L.S. 凱頓（L.S.Caton），他在書的後半部顯示是個剽竊者。不過話說回來，因為寫信的紙是「從筆記本裡隨手撕下來的一頁」，所以不能排除凱頓是在情急之下寫信，手邊能找到的筆墨顏色剛好是綠。把綠色墨水跟古怪性格更直白地聯結在一起，有一例是卡爾．薩根（Carl Sagen）一九七三年的作品《宇宙關係》（*The Cosmic Connection*）。薩根在書中描寫到自己收到的一封信：

> 郵件裡出現一封八十五頁的手寫信箋，是用綠色的原子筆所寫，寫信的是渥太華（Ottawa）精神病院裡的一位男士。他在當地的報紙上讀到一篇報導說我相信其他行星上也可能存在生命。他想向我保證我這麼想完全正確，因為他有親身經驗。

這之後「綠墨軍團」（green ink brigade）很快成了一個固定的說法，專門用來指那些寫信給記者或政治人物，內容顛三倒四，長篇大論，滔滔不絕地解釋某種無稽的理論，或針對某種陰謀論爆料的人。如果綠色墨水跟被迫害妄想，跟陰謀論的理論大師們有如此密切的關聯，那就好玩了，因為綠色墨水最出名的愛用者不是別人，就是英國祕密情報局，俗稱軍情六處（MI6）的首任局長曼斯菲爾德．康明（Mansfield Cumming）。凡書信的簽名康明都會用綠色墨水提上自己姓氏的字首「C」。綠色簽名後來形成MI6局長的傳統，包括現任的約翰．索爾斯（John Sawers）爵士都還承襲這樣的慣例。

不論是原子筆或鋼筆，顏色的選擇都受限於各自墨水的性質。原子筆用的是具黏性的油性墨水，主要是夠黏、夠糊，原子筆的墨水才不致筆身一轉就從氣孔中倒流出來，但這樣的特性也讓原子筆的顏色難以多樣化。鋼筆用的是比較稀，而且偏水性的墨水。如果用加了懸浮色素顆粒的彩色墨水，鋼筆就容易塞住，因為那些顆粒是固體。

非常早期，如古埃及所使用的墨水是把碳煙（soot）或煤灰（ash）混合水、橡膠（gum）或蜂蠟和成糊狀而成，紅色墨水則會以赭土（ochre）為原料。在古代中國，煤煙（soot）會被磨成細粉，然後混入動物膠來製成墨條，然後墨條便可加水在硯台上摩出墨汁。在印度，獸骨、焦油與瀝青加以燃燒後會產生碳黑（carbon black），碳黑再拿去混著水與蟲膠（shellac）產生稱作「馬西」（masi）的物質來當作墨水。

西元七十九年，老普林尼（Pliny the Elder）在《博物誌》（*Naturalis Historia*）中描述了黑色色素的製造過程：

> 以燃燒樹脂或瀝青所得到的碳煙當成原料，黑色色素有數種製造方式，由此有不排煙至大氣層的工廠建了起來。最高等級的黑色色素由松木樹脂（resinous pine-wood）製成。不論何種黑色色素，製造過程的最後一步都是曬太陽；給墨水用的黑色色素摻入橡膠（gum），給牆壁用的混入黏膠（glue）。

木藍屬（Indigo）的植物曾是藍色的來源。然後從大約西元五世紀開始，鐵鞣酸墨（iron gall ink）開始普及。將鐵鹽（鐵化合物）加到鞣酸（tannic acid）裡所製成的鐵鞣酸墨接觸到紙張，一開始色調會相當之淡，但隨著成分固著、穩定下來，鐵鞣酸墨的顏色便慢慢加深。鐵鞣酸墨一直沿用到十九世紀，但特定配方的幾種鐵鞣酸墨具高度腐蝕性，時間久了紙張會被分解，同時這樣的特性也意味著鐵鞣酸墨不適用於鋼筆，因為筆管的內部承受不住，由此新的配方也於日後應運而生。

一九六三年，日本的「オート」（OHTO）公司開發出滾珠筆（rollerbal），這基本上還是枝原子筆，只是墨水由常見的油性換成水性，而水性墨汁的好處是好寫，鋼珠可以在紙上順暢地到處滾，所以叫做「滾珠筆」。「オート」公司開了第一槍後，其他同業也順勢推出自家的滾珠筆，而且仍舊因為墨汁是水性，水溶性的染料統統可以加進去，所以市面上開始出現各種顏色的滾珠筆。櫻花彩色產品公司（Sakura Colour Products Corporation）當時也興致勃勃地想要推出自家的產品，但他們知道自己晚了，所以與其弄出跟大家大同小異的滾珠筆，櫻花想辦法創新研發出「膠基」墨水（gel-based ink）。櫻花團隊所開發出的這種「凝膠」墨水在靜止狀態時很黏稠，但只要一經擾動就會變稀、變水，這種物質性質有個專業術語叫做「搖變性」（thixotropic），也就是搖了就會變的意思。櫻花公司歷經數年試驗修正，期間試過包括蛋白、山藥泥在內的種種材料，最後終於做出兼具水性與油性墨水特性的膠狀墨水，也就是現在所知的「中性墨水」。櫻花公司於一九八二年取得「中性墨水」專利，而中性墨水出現的意義在於廠商終於可以用固體色素顆粒取代液態染料，包括粉狀鋁和經研磨後的玻璃都可加到中性墨水裡產生金屬光澤質感，或是讓筆跡能閃閃發光。掌握訣竅後，櫻花公司開始火力全開給消費者「許多顏色瞧瞧」，現行的櫻花中性筆系列（Sakura Gelly Roll）的「月光」（Moonlight）、星塵（Stardust）、金屬（Metallic）與經典（Classic）等四大類，一共七十四種顏色供消費者選擇。

有這麼多顏色，有興趣的人真的可以選得很過癮，但我還是鍾愛簡簡單單的「白紙黑字」。

黑墨配上白紙，不論說什麼都有種權威感油然而生。我人生裡想擺出點專家的架子，也只能靠黑筆了。

第三章

我談了場戀愛，但對象只是張紙

Had a love affair but it was only paper.[1]

1　「Paper」歌詞，原唱為「臉部特寫」（Talking Head），1975-1991，美國新浪潮樂團，成立於紐約。

Moleskine

書桌上離我最遠的前方，在橘色與奶油色八乘五吋索引卡盒（威樂氏牌，網購自 eBay）的旁邊，是一疊三本黑色的小筆記本。筆記本裡有隨筆、有塗鴉，有急忙中胡亂寫下的點子，以及要提醒自己的事項。這些筆記本我留歸留，但要我翻開再讀過一遍，機率應該是趨近於零（就算翻開了也大概看不懂自己寫了些什麼）。話說這些筆記本理所當然，是「鼴鼠皮」（Moleskine）牌。我想沒有別牌的筆記本，可以像 Moleskine 一樣讓人這麼熱血沸騰了吧。對死忠的鼴鼠皮粉絲來說，這黑色的小筆記本是一種神聖的信仰；但也有人因為用了 Moleskine 而遭致訕笑，因為也有人覺得用 Moleskine 很做作，覺得這東西是全世界愛現的假文青端坐在咖啡館裡，假裝有創意的道具。假掰假文青的三寶：Moleskine、蘋果筆電、澳式牛奶咖啡（flat white）[2]。

每本 Moleskine 都會附上一本小冊子來詳述自己的過往，裡頭提到 Moleskine 上承梵谷、畢卡索、海明威與布魯斯．查特溫等大人物用過的「傳奇」筆記本，是經典的「繼承者」。這裡的關鍵字是「繼承者」，因為梵谷、畢卡索、海明威等人所用的筆記本並非 Moleskine，只不過兩者有點相像罷了。

> 小小的、黑色的長方形，邊角收圓，附彈性束帶，內襯有可拉開一點角度的擴充口袋；

看似無名，不起眼的物件，卻自成一方難得的完美。

Moleskine 官網

Moleskine 的得名是源自於旅遊作家布魯斯・查特溫（Bruce Chatwin）。在《歌之版圖》（*The Songlines*）一書中，查特溫描寫到很喜歡巴黎老喜劇院街（La rue de l'Ancienne-Comédie）上一家文具店（papeterie）裡所賣的一種鼴鼠皮筆記本（carnet moleskine），當然這裡的鼴鼠皮不是真的動物毛皮，而是指一種黑色帆布的裝訂外皮。「紙張是方的，」查特溫寫道，「餘頁由鬆緊帶捆得整整齊齊。」

一九八六年，要出發前往澳洲的前夕，人在巴黎的查特溫特地跑了趟這家文具店，他打算買齊這趟旅行需要的筆記本。文具店女主人給他的回應是這種筆記本的貨源愈來愈難找，她僅剩的一家供應商也不回她信。話說一九六八年，身價幾十億美金的企業家霍華・休斯（Howard Hughes）一聽說巴斯金・羅賓斯（Baskin Robbins）[3]公司打算停產他最喜歡的冰淇淋口味（香蕉堅果），便立刻下訂一千五百公升的量（沒幾天他又把訂單改成法式香草口味，結果他平日居住的自家飯店只好把不能退的一千五百公司香蕉堅果冰淇淋送給房客吃，花了一年多才全部送完）。同樣地，聽說心愛的筆記本可能絕跡，查特溫決

2 一九七〇至八〇年代起源於澳紐的一種咖啡喝法，作法是以一到兩份的濃縮咖啡（expresso）為底，上蓋以幼奶泡（microfoam），易與搭配咖啡較淡，上蓋奶泡較粗的拿鐵（Latte）混淆。

3 公司全名是巴斯金－羅賓斯三一冰淇淋（Baskin-Robbins 31 Ice Cream），也就是我們平常所說的「三一冰淇淋」。

定個一百本。「一百本夠我用一輩子了」，他如此寫道。可惜他沒修斯有錢，也沒他好運。下訂的同一天下午他回到文具店去問狀況。「五點鐘我按照約定去找老闆娘，沒想到工廠的主人死了，繼承人把生意給賣了。文具店老闆娘脫下眼鏡，用近乎哀悼的口氣說：『Le vrai moleskine n'est pas plus』[4]。」真正的鼴鼠皮筆記本，再不復見。

早在查特溫其人其事之前很久，也早在法蘭西建國之前很久，人類就已經開始在紙上寫東西了。而在紙張出現之前，人類用的是莎草紙（papyrus）。紙莎草（Cyperus papyrus）生長在淺水，三角形的木質莖桿高約四．五公尺，寬約六公分。西元前三千年左右，紙莎草的莖桿開始被取來製作成書寫用的材料，「papyrus」也從原本的草名，被賦予了「紙」的這層意義。

在《博物誌》中，老普林尼（Pliny the Elder）說明了古埃及人製作莎草紙的流程。首先紙莎草的莖會被切分為細細的長條（「施作的重點是葉面要盡可能切到最寬」），然後分好的細長莖葉會被置於「尼羅河水浸溼過了的」桌面上，因為「泥水狀的尼羅河水有近似膠水的特殊性質」。參差不齊的邊緣加以切除後，條狀的紙莎草會先直著擺，接著再橫著疊上去，阡陌交錯完畢之後的紙莎草會先設法壓緊實了，然後再拿到太陽底下曬乾。乾燥之後的成品會一片片接起來，而且是品質好的先被取用，次等的才會慢慢再加上來。

長達數千年的期間，莎草紙都是非常重要書寫媒介，直到西元前一九〇年，帕加馬王國的國王歐邁尼斯二世（King Eumenes II of Pergamon）與埃及的托勒密二世之間出現了爭端，結果導致埃及對帕加馬王國的莎草紙供應中斷。按照普林尼的記載，「羊皮紙」（parchment）便是於此時「發明」出來。

但其實在這之前，羊皮紙已經存在了好幾世紀，只不過一直要到歐邁尼斯國王的時代，羊皮紙的製程才在帕加馬獲得精進。事實上，羊皮紙之所以叫做「parchement」，就是因為帕加馬這個城邦在拉丁文裡就叫作「pergamenum」。羊皮紙顧名思義，是用動物皮加工製成的，但並不僅限於羊皮，較常見的材質包括小牛、綿羊跟山羊的皮。動物皮取得後會先先洗個「萊姆浴」（lime bath），讓毛髮徹底清除，然後再放到木框上撐大。如果還有殘餘的體毛，工人會在這階段用刀片刮除，最終獸皮會被留置在框上乾燥。除了羊皮紙這個統稱以外，小牛皮製成的版本會被另外稱為「牛皮紙」（vellum），因為拉丁文裡的小牛（肉）是「vitulinum」。

相對於莎草紙，羊皮紙與牛皮紙有幾項優勢。在乾燥的埃及，莎草紙紙質算是相當穩定，但到了長年溼度較高的西歐，莎草紙就會變得很脆。另外不同於莎草紙只能單面書寫，羊皮紙則是兩面都可使用。其實羊皮紙本身就比較耐久，你甚至可以把已經寫上去的東西刮掉或洗掉後重複使用。回收使用的羊皮紙叫作「palimpsest」，字源是希臘文裡的「palimpsestos」，意思就是「重新磨到光滑」。說到光滑，羊皮紙確實是比莎草紙平滑，牛皮紙更是不在話下。而表面愈光滑，寫出的效果就可以更精細，配合羽毛筆效果更是好。不過雖然有這麼多好處讓羊皮紙日益普及，不買帳的人還是有。據說羅馬醫學家蓋倫（Claudius Galenus）就抱怨過羊皮紙的表現過於光滑，反光很刺

---

4 The real moleskine is no more.

眼。但這種酸法也太弱了吧，蓋倫先生要是活在現代，豈不得被這本書的紙給閃瞎？總而言之，到了四世紀中，羊皮紙已經開始挑戰莎草紙的霸主地位。

查特溫在巴黎文具店裡留下落寞身影的十年後，鼴鼠皮筆記本（moleskine）獲得了新生。義大利米蘭一家小出版社「Modo & Modo」決定讓這本「傳奇的筆記本」復活。選擇用「moleskine」為之命名是要顧及這本筆記本的「文學血脈」，希望藉此「喚醒一種獨特的傳統」。重生而且有了名字的鼴鼠皮筆記本，第一批的產量約五千本，鋪貨的對象是義大利國內的文具店。經過幾年發展，Modo & Modo 開始出貨到歐洲與美國，直到如今 Moleskine 已經是國際知名的品牌。二〇〇六年，歐洲的私募基金 SGCapital 以未經證實的四千五百萬英鎊（約二十一億台幣）收購了 Modo & Modo，表示希望藉此「讓 Moleskine 品牌的潛力獲得完全的發揮」；二〇一三年，Moleskine 的股票上市，公司當時的市值達到四點三億歐元（超過一百五十億台幣）。

就這樣，原本無名而不起眼的小筆記本，搖身一變成橫掃國際的知名品牌。既是大品牌，「品牌使用指南」與在網路上提到註冊商標「Moleskine®」時的規範，就成了這小筆記本出貨時的標準配件。公司在官網上說他們固然「很樂意開放」自家的商標「給覺得對 Moleskine 有感情，覺得 Moleskine 跟自己的日常生活息息相關的大眾」無償使用，但公司有公司的難處。考量到筆記本的「故事性與獨特性格」，加上「多年來伴隨著它的傳統」，Moleskine 公司表示不得不「個案嚴格審查」，任何有意在網路上使用 Moleskine「品牌名稱或商標」的個人都必須向 Moleskine 公司申請許可，而每筆申請「都將經由公司仔細評估後予以回覆」。Moleskine®的註冊商標不得像「note pad」（平板狀的手札本）、「block-notes」（裝訂成磚塊狀的筆記紙）跟「agenda」（行事曆）一樣作為同類商品的通稱或俗名，是 Moleskine 公司的堅持。

Moleskine 品牌在商業上取得了重大成功，公司又聰明地在行銷上吃了文學與歷史的豆腐，結果就是在市場上招來了一股跟風，一堆類似的產品不可免俗地跳出來想要分一杯羹。而這也就是何以當 Moleskine 被用來當作「同類產品」的通稱或俗名時，Moleskine 公司會那麼敏感，那麼跳腳。但如果被自己當成禁臠的「道統」不足以抵擋前仆後繼的競爭，Moleskine 還能靠什麼東西作出區隔呢？公司可能會主張 Moleskine 的品質高出對手一個檔次；「Moleskine 的產品與組裝水準，還沒有其他筆記本廠商可以超越。」Moleskine 的公司是這麼說的。

近期 Moleskine 其實已經感覺到自身在文具迷心目中的寵兒地位受到了威脅，而這一切都得從「燈塔 1917」（Leuchtturm 1917）筆記本在英國上市說起。顧名思義，燈塔公司成立於一九一七年，但他們家的產品要等到二〇一一年才由卡洛琳·懷波（Carolynne Wyper）跟崔西·莎特那斯（Tracy Schotness）引進英國流通。

問題是有線裝設計跟無酸紙的 Moleskine 也好，或者號稱有「防沾墨紙」（ink-proof paper）的燈塔 1917 也罷，這些名牌筆記本值得我們花大錢去買嗎？（尤其現在坊間的文具店都已經山寨出自家版本的 moleskine 筆記本了）。話說消費者有重視細節到這種程度嗎？SGCapital 在買下 Moleskine 品牌的時候，一件有趣的事情發生了。SGCapital 針對產品包裝的方式作了一些小小的調整，包括加上了小小的一行字：

裝訂並印刷於中國

包裝上突然跑出生產國的資訊，讓不少人以為 Moleskine 把生產線「搬」到了中國，但真相是從前面提過的第一批產品開始，Moleskine 就一直都是在中國生產，只不過以前公司不提罷了。在被 SGCapital 收購的前後，Moleskine 筆記本的品質並沒有什麼不同，但突然間在留言板跟粉絲頁上面，很多人開始表示說「新」的 Moleskine 變差了，但又提不出什麼很具體的證據。

> 自從 Moleskine 把產線遷到中國之後……每本 Moleskine 都感覺跟以前有點小小的不同。封面感覺不同，裝訂好像緊了些，聞起來好像有什麼怪味，諸如此類。

有些人下意識受到查特溫的感召，甚至想要來囤「正港」的 Moleskine——「我一得知 Moleskine 開始在中國生產，就立刻跑到附近的波德斯（Borders）[5]買了一些非中國製的囤起來。」這種對品質的認知落差，算不算是一種「安慰劑」效應呢？我們總以為由義大利工匠手工生產的 Moleskine 比較好，而一旦發現 Moleskine 其實來自中國的生產線，我們就立刻有罪推定，把 Moleskine 的品質想得多壞又多壞。很多人反射性地把「中國製造」跟「品質粗糙」之間畫上等號，但諷刺的是中國才是「紙」的老祖宗，幾百年來都是造紙技術的先鋒。

提到發明紙的人，這個頭銜常常落在古代中國的蔡倫頭上。雖然埃及人搶先做出了莎草紙，讓書寫一事成為可能，同時「papyrus」也是英文裡「paper」的字源，但莎草紙跟「蔡侯紙」之間絕對存在著差距。莎草紙的製作是讓紙莎草縱橫交錯地疊著，然後壓製成單張的成品，但真正意義上的紙是「將整片的材料絞碎成個別的纖維」後製成，而蔡倫的作法就是這樣。

蔡倫是中國東漢和帝時的一名宦官。西元八十九年，他獲拔擢為尚方令主掌兵器的開發與生產，而就在設計武器的過程當中，他發覺便宜的書寫工具有其必要。寫於西元五世紀的《後漢書》在宦者列傳中提到「在古代，書寫記事多用竹簡或絲帛，其中用來寫字的絲帛被稱為『紙』。但絲綢太貴而竹簡太重，所以兩者用起來都有不便之處。」，還說到「蔡倫想到用樹皮、廢麻、破布跟魚網來製紙。」[6]西元一〇五年，蔡倫把研發成果呈獻給和帝，結果「賢能之表現大獲讚賞。」[7]除了獲得大筆賞金之外，蔡倫還於西元一一四年受封為龍亭侯，故云「蔡侯紙」。漢和帝於西元一〇五年稍晚駕崩之後，和熹皇后鄧綏以太后之姿攝政。和熹皇后死於西元一二一年，之後和帝的侄子安帝恢復權力，許多和帝的舊臣開始失勢。為免受辱，蔡倫於入獄之前「沐浴更衣，

---

5 曾為全美第二大連鎖書店，二〇〇一年申請破產。

6 《後漢書》原文為「自古書契多編以竹簡，其用縑帛者謂之為紙。縑貴而簡重，并不便于人。倫乃造意，用樹膚、麻頭及敝布、魚網以為紙。」

7 元興元年（西元一〇五年）奏上之，帝善其能，自是莫不從用焉，故天下咸稱『蔡侯紙』」。

服毒自盡」[8]。

不過話說回來，雖然史書數百年來都尊蔡倫為紙的發明者，但二〇〇六年，中國西北部甘肅考古發現了一片麻紙上寫有文字，經測試後定年於西元前八年，足足比蔡侯紙早上一百一十三年。敦煌市博物館的館長傅立誠表示新挖出的麻紙技術「相當成熟」，顯然使用已經有段時期。不過傅先生也表示這無損於蔡倫的成就，因為「蔡倫的貢獻在於把已有的技術系統化、科學化，讓造紙的配方固定下來。」

無論蔡倫是從無到有「發明」了造紙術，抑或是從已知至少一世紀的知識整理出來，他之後的造紙技術都大大造福了中華文化。紙不僅用來傳遞思想，還在裝飾藝術、商業管理、借貸、居家裝潢跟個人衛生等環節（衛生紙的普及是在西元六世紀）的發展上貢獻了長才。蔡倫紙的詳細配方已經不得而知，但大致的製程應該包含把樹皮或布料沸煮到軟，然後加水混合用槌子或缽杵敲至漿狀。紙漿會平鋪到網篩上，讓水分瀝掉，剩下的一層纖維再移至別處晾乾。乾燥之後的紙會再用石頭拋光至平滑。日後隨著技術的精進，製程會改由以網篩就水缸內的紙漿，而不再以手工把紙漿鋪在網篩上。但原則上在蔡倫之後，基本相同的作法有數百年未變。

隨著古代中國開始與阿拉伯世界建立貿易關係，製紙的知識也開始傳遞——阿拉伯文的「kaghid」（紙）據稱就是源自於漢字裡的「穀紙」二字，意思是由桑科構樹為原料製成的紙。西元七五一年，唐朝的軍隊於怛羅斯之役敗給大食（阿拉伯），一說兩名被俘的工匠被迫以製紙技術換取自由。姑且不論此說的真偽，不久後撒馬爾罕（Samarkand）確實開始有了紙的生產。西元七九四年，巴格達建起了城內第二座紙廠。西元九世紀，紙的生產擴散到大馬士革與的黎波里（Tripoli）。而以此為起點，造紙開始輻射到整個阿拉伯世界。西元十世紀，摩洛哥的非茲（Fez）成為紙的生產中心，接著又有一說紙從此處傳到歐洲。西元一一五〇年前後，歐洲的第一座紙廠建立於西班牙的哈蒂瓦（Xativa）。所以，若說義大利公司重新詮釋對一位英國作家念念不忘在法國買的筆記本，最後的品質毀在了廉價的中國製造手裡，這樣的想法至少可以說是有點「自以為是」。

我自己的 Moleskine 筆記本內含筆記跟隨手寫下的念頭，有些現在已經完全無法辨識了。打開我的 Moleskine，剛開始的幾頁感覺有點放不開手腳，如果單看筆跡會覺得下筆的人很緊張而且想很多。這很正常，新的筆記本就是會讓人感覺「近鄉情怯」。用的人總是需要一些時間放鬆，慢慢接受把寫錯的地方槓掉沒什麼大不了。這麼說來，Moleskine 的高價是一種缺陷嗎？這麼貴的東西，我們買來是不是應該做點特殊的用途，這樣才對得起自己的血汗錢。牛津大學的柏德立圖書館（Bodleian Library of Oxford University）保留了查特溫用過的初代 Moleskine，裡頭可以看到除了有寫書跟替《泰晤士報》週日版（Sunday Times）寫文章的筆記之外，也有「妻子伊莉莎白（Elizabeth Chatwin）的採買清單、雜務跟食譜。」如果查特溫賢伉儷可以用他「雜牌」的 moleskine 規劃要買什麼菜，那我當然可以用我的名牌 Moleskine 愛寫什麼寫什麼。放輕鬆點！

8 及太后崩，安帝始親萬機，敕使自致廷尉。倫恥受辱，乃沐浴整衣冠，飲藥而死。

如果說 Moleskine 的高價讓我用起來有點綁手綁腳，那或許我應該考慮一下價格級距的另一個極端。比起讓人買不下去或寫不下去的 Moleskine 外表黑成一片，橘色的西爾溫記事簿（Silvine Memo Book）不僅看起來活潑，對荷包也溫柔許多。纖細而輕薄的西爾溫跟 Moleskine 在各方面都是南轅北轍，Moleskine 貴氣逼人，西爾溫平易近人，Moleskine 用完捨不得丟，西爾溫該丟就丟，Moleskine 用上了講究的線裝，西爾溫是訂起來的平裝，想買 Moleskine 得到特定的點，西爾溫則是隨便一家報攤或便利商店都會出現。雖然身價遠不如 Moleskine，但相對於 Moleskine 精心刻劃出來的故事性多半死無對證而且斧鑿斑斑，西爾溫的血統就貨真價實而且一脈相傳。

威廉・辛克萊（William Sinclair）一八一六年生於約克郡的歐特利（Otley）。一八三七年在威廉・沃克（William Walker）處完成書本印刷與裝訂的學徒生涯後，辛克萊先在韋瑟比（Wetherby）近郊做起生意，但一八五四年又回到歐特利。歐特利是個印刷城，鎮上的印刷產業非常興盛，且其一大助力來自於一八五八年「霍爾菲代」（Wharfedale）印刷機（一種最早期的滾筒印刷機）的發明。一八六五年辛克萊去世之後，他兩個名字很像的兒子強納生跟強繼承家業，一路傳到現在，這家公司已經歷經辛克萊家族六代的經營。一九〇一年，公司登記了西爾溫（Silvine）的商標，如今品牌旗下的產品數量多達三百餘項。其中橘色外皮的記事本（Memo Book）是在一九二〇年代加入西爾溫的品牌家族，系列產品還有現金簿跟運動記錄簿，至今有錢都還買得到。

辛克萊家族這些算得上物美價廉的筆記本能夠常伴我們左右，首先得感謝十九世紀造紙技術的突破。從前面提過的蔡倫以降，造紙技術的演進其實相當牛步。十三世紀時出現了水力紙廠，讓把原材料（多為麻布與廢布）轉成紙漿的這道程序變得輕鬆許多，但紙還是把篩網浸入紙漿中，以張為單位製作，非常花時間。李察・赫倫（Richard Herring）在一八五五年的《紙與造紙術》（*Paper and Papermaking*）一書中介紹了英制「古物商」規格（Antiquarian；長五十三吋約一・三五公尺，寬三十一吋約七十八公分）紙張的製作過程：

> 光是做一張大幅手工紙的紙漿就如此之重，搬運過程中至少需要九名壯漢合力。同時想把模具從紙漿筒中給拉起來，還得額外借助滑輪的力量。

早期製紙對於人力的龐大需求，以及所挾帶的成本之高，除非企業家拚著尊嚴不要，否則真的很難咬牙衝下去，於是乎開始有人嘗試把紙的製程機械化。一七九〇年，法國工程師路易——尼可拉・霍北（Louis-Nicolas Robert）進入位於法國艾松的迪度紙廠工作。期間他對於工會層出不窮的要求覺得很氣餒，於是動念想要設計機器來降低對人工的倚賴。

經過幾個月的努力，他把設計出來的東西拿去給老闆皮耶-馮斯瓦・迪度看，結果老闆很直接地說這東西太「脆弱」，但還是鼓勵霍北繼續研發。霍北於是做了一台模型當成原型機，但這原型機完全不行，一試車就現出原形。雖然屢戰屢敗，但迪度還是相信霍北，只不過他覺得霍北應該把心力放在其他方面，於是乎他把霍北調了部門，派到集團裡的麵粉廠工作六個月。等於強迫霍北放下實驗半年之後，迪度建議霍北再試試看，並且派了一組技師去協助他。霍北與新的團隊重組了一台超迷你的實作原型機，大小只跟鳥的內臟差不多而已。這台原型機表現令人滿意，於是他們做了一台可以生產紙寬達到二十四英吋（約六十一公分）的放大版機器，足堪生產「科隆比爾」（Colombier）規格的大型畫紙。霍北把做出來的兩張樣品紙送去給迪度的兒子聖－雷傑看，結果小老闆非常滿意，隔天就安排兩人一同前往巴黎去給機器登記專利。

相對於在此之前，紙張都是用金屬線框一張一張生產，霍北的機器可以讓金屬線框循環接上，然後滾動的圓筒會持續將紙漿傾倒到金屬線框上，而金屬線框向前輸送的同時，也會一併把水排到底下的桶裡。再來紙張會通過以絨布覆蓋的滾筒之下，讓殘存的水分被擠壓出來。這樣的機器有多寬，做出來的紙就可以有多寬，至於長度更是「可以非常長」。另一個重點是「這樣的機器操作起來並不費勁，小孩都會」，霍北說。

雖然迪度一直鼓勵霍北，支持霍北，對霍北可以說有知遇之恩，但霍北最終還是跟老闆一家鬧翻。霍北把造紙機的專利以兩萬五千舊法郎（相當於目前的四萬歐元）的價格賣給了迪度家，並讓他們分期付款，但一八〇一年迪度家付款出現異常，霍北就把專利給收了回來。法國大革命後，造紙機的精進變得相當緩慢。一七九九年，皮耶的兒子聖－雷傑．迪度寫信給姻親約翰．甘博，看看造紙機在英國有沒有搞頭。約翰．甘博於是接觸了亨利與席利．傅爾德利尼爾（Henry & Sealy Fourdrinier）這對來自倫敦的文具商兄弟，他們對造紙機都很感興趣。此外又靠著技師布萊恩．東慶（Bryan Donkin）的協助，傅爾德利尼爾兄弟按霍北的設計做出了一台造紙機。接下來的六年，傅爾德利尼爾兄弟共投資了六萬英鎊（約當今日五百八十萬英鎊）跟東慶聯手繼續從事造紙機的研發，但他們申請專利並不是很順利，結果就是大量有人抄襲，兄弟倆卻拿不到任何好處。

現代的造紙設備原則上都還是沿用傅爾德利尼爾兄弟的設計，但有一個很重要的差異，那就是在紙張的乾燥與壓平上有不同的作法。在原始的傅爾德利尼爾造紙機上，紙張經絨布滾筒大致擠乾水分之後，還是得靠人工裁切吊曬，而現代化的機器會讓紙在產線上通過一系列加熱滾筒，直接乾燥，然後再通過一組兩個加壓滾輪讓紙變平整，同時厚度也能取得統一。

在傅爾德利尼爾造紙機的發展期間，紙漿的製備仍是以廢棄的衣服與布塊為原料，但隨著用紙需求增加，廢棄布料作為造紙原料很快就捉襟見肘。十九世紀中，英國每年需要十二萬噸的廢棄布料來造紙，才能滿足自身的需要，而這其中有四分之三都得仰賴進口，主要來源是義大利與德國。在此情況下，造紙工業必須另覓他途。

一八〇一年，馬西爾斯．庫帕斯（Matthias Koops）出版了書名落落長的著作《從古代到紙的發明前，曾用以描述事件與傳遞思想的物質歷史紀錄》（*Historical Account of the Substances Which Have Been Used to Describe Events, and to Convey Ideas from the Earlier Date to the Invention Of Paper*）。當時的書大多以廢布紙印行，庫帕斯的書則是主要以稻草造紙而成，不過最後幾頁另有蹊蹺，主要是有另一種材質隱身其中；庫帕斯在附錄寫道：

> 接下來的文字是印在純以木材製程的紙張之上，而且是本國的木材，未摻有任何布頭、廢紙、樹皮、稻草或其他適於或歷史上曾用於製紙的植物性物質；絕無虛言，蒼天可鑒。

庫帕斯還在同年替他「以稻草、飼料草、薊草、廢棄的麻與亞麻、各類木材與樹皮造紙以供印刷與其他用途的技術」登記了專利。庫帕斯的作法是把木材削成木片，將之浸泡於萊姆水中，再加入蘇打粉煮沸。這樣製備出來的東西會經過擠壓排除多餘的水分，然後便可以套用「慣常而廣為人知的方式」做成紙張。「特定狀況下」，庫帕斯補充說，「我發現在加工成紙漿之前，先讓擠壓過後的材料發酵並加熱個幾天，對之後的製紙成果是有好處的。」庫帕斯雖然白紙黑字地將木材列在他製紙的原料當中，但庫帕斯並非發現木材可以這麼使用的第一人。事實上，發現木材可以這麼使用的根本不是人，而是黃蜂。

一七一九年，法國科學家荷內・安托萬・費爾蕭・得・海奧莫（Rene Antoine Ferchault de Reaumur）注意到黃蜂用來築巢的材料非常接近紙的質感：

> 美國黃蜂可以做出一種非常細緻的「紙」，跟人類認知的紙相似；黃蜂會從居處附近鄉間常見的木材中擷取纖維出來。牠們教會我們紙可以不用布頭跟亞麻而用植物纖維製成，也好像在邀請我們，要我們挑戰用特定的木頭來做出精緻的紙張。若能掌握黃蜂造紙的木頭種類，我們就能做出甚為白皙的紙張，因為黃蜂製紙的原料就屬極白。若將黃蜂所使用的纖維進一步擊破輾碎，取得更為細緻的紙漿，那紙的成品也將出落地更加精巧。

海奧莫還表示「現行的廢布算不上符合經濟效益的造紙材料，而且眾所周知廢棄布料的供應已然日漸稀少。」不過講是這樣講，海奧莫並沒有順著這樣的觀察去行動。

在海奧莫的觀察問世之後，確實有人開始拿不同的材料來試驗，但最終把概念付諸行動的，仍非庫帕斯莫屬，只可惜這場實驗讓庫帕斯付出了龐大的代價。庫帕斯跟合夥人花了四萬五千英鎊（今天的兩百八十萬英鎊），在倫敦中心泰晤士河邊日後被稱為「廠岸」（Millbank）的區域蓋起了一座壯觀的紙廠。這座工廠雖然成功以稻草等材料做出紙張，但收入並不足以回收投入的鉅額成本，公司最後還是難逃破產的厄運。一八〇二年，廠內工人聯名寫了封信給公司股東，告知他們在關廠之後，「大量的溼紙一疊疊在廠裡頭煮著，紙漿在桶裡腐爛」，還說「我們很希望知道各位如何決定，因為失業是我們命不好，不是我們想要。」對照他們受到的待遇，勞方在信尾的署名展現了可敬的風度，他們自稱是「順從但痛苦的僕人」。這之後要經過幾十年，才有人成功找到用木頭造紙的方法，而且一次就來了兩個人。

一八二一年，查爾斯・弗內緹（Charles Fenerty）生於加拿大的新斯科細亞省。家裡在加拿大有一片林場的弗內緹，從小就在鋸木場裡跑來跑去幫伐木工人的忙。一八二〇與一八三〇年代，加拿大各地開始冒出不少紙廠，但布頭的供應量持續走低。在這樣的背景下，弗內緹於一八四〇年代初期開始實驗用木頭纖維來製紙。一八四四年，他寄了封信到當地報社，信中附了他實驗做出來的樣品：

內附一小張紙是我實驗所得。我的實驗是要確認紙這有用之物是否能從木材製成。結果證實這樣的想法無誤，因為——看我寄給各位的樣本，各位先生——你們應能了解這當中的可行性。我附上的樣本不僅材質夠堅韌，顏色也夠白，不論怎麼看都不會在強度上輸給用麻、棉或其他常見材料所做出來的包裝紙，而這樣的東西確確實實是用雲杉（spruce wood）處理成紙漿後經由一般的處理所做出來的紙。

弗內緹當時不過二十出頭，所以加拿大的紙廠並不把他當回事，他們只當弗內緹是個想紅的年輕人。但大約在同一個時點，德國有一個織造工人費德列克・高特羅伯・凱勒（Friedrich Gottlob Keller）用一台磨木機取得了專利。只要把木塊強壓上含水的石磨，凱勒就有辦法把木材弄碎成纖維後得到木漿。為了確保強度，凱勒做出來的第一張紙裡有四成的布料纖維，慢慢改良後才做出百分之百的木漿紙。一八四六年，凱勒把磨木機專利賣給德國薩克森（Saxony）一位紙商海茵里希・沃爾特（Heinrich Voelter），沃爾特再跟工程師出身的約翰・麥陶斯・福伊特（Johann Matthaus Voith）聯手開業量產凱勒的機器。最終凱勒身為設計者卻沒撈到一點好處。

沒多久，以木材製成的紙就幾乎完全取代了布紙，但有一種東西木紙還是吃不開，那就是紙鈔。英格蘭銀行（英國央行）所發行的紙幣「是以棉花纖維與亞麻布料製成，以便取得高於一般木紙的強度與耐用程度。」英國紙幣用紙是由特許的紙廠供應，「印鈔票」對他們來說不是句玩笑話。二〇一三年，英國央行宣布將銀行聚合物材質的塑膠紙幣（首發的五英鎊鈔票將以二戰名相邱吉爾作為圖案，預定二〇一六年推出），其相對於紙鈔有著「更乾淨、更強韌」的優點。塑膠紙鈔的壽命約是一般鈔票的二．五倍，但還是有人覺得塑膠鈔票不僅僅是耐耗損而已。同樣在二〇一三年，加拿大央行一推出聚合物材質的一百加幣紙鈔，民間馬上傳出這鈔票上有一方「隨刮即聞」的空間設計會散發出北國招牌的楓糖漿氣味。這點很多加拿大人都深信不疑，但加國央行否認了這樣的傳聞。「本行並未在新式鈔票中加入任何嗅覺設計」，加國央行透過發言人在美國國家廣播公司（ABC）的訪問中如是表示。蒙特婁麥基爾大學神經學與神經外科學系的瑪莉蓮．瓊斯－古特曼（Marilyn Jones-Gotman）博士點出說這樣的傳言會如此甚囂塵上，是因為「嗅覺上的錯覺」讓加拿大人以為他們聞到了不存在的東西。

凱勒的努力有了成果，世界終於了解到木材可以拿來造紙，接下來的問題就是怎麼樣讓木漿的生產效率提高。凱勒的辦法是藉機械之力把木塊磨碎，但這樣做出來的紙質相當脆弱，放久了還會發黃。這是因為凱勒的木漿紙裡含有「木質素」（lignin），一種存在於樹木細胞壁中的化合物。元兇既然已經找到，緝兇自是合理的下一步，於是有人研發出了新的化學製程來移除木質素，讓做出來的紙質更強，更耐用（不過很多報紙放久了還是會變黃，因為出於成本考量，機械製漿的作法並未完全走入歷史）。

開始有人嘗試做出更純的紙質，是一八五一年。來自英國赫特福德郡（Hertfordshire）的休．伯吉斯（Hugh Burgess）跟查爾斯．瓦忒（Charles Watt）開始把木片置於苛性鹼（caustic alkali）裡以高壓煮沸，這樣的木漿製造方式稱為「蘇打法」（soda process）。蘇打法做出來的紙可以說是空前的白淨，但卻沒能讓伯吉斯跟瓦忒賺到什麼錢。到了一八六〇年代，美國費城的發明家班傑明．C．提爾格曼（Benjamin C. Tilghman）用亞硫酸（sulphurous acid）發展出一種新的化學製程，但錢的問題讓他的研究裹足不前。講到錢，歐洲人卡爾．丹尼爾．艾克曼（Carl Daniel Ekman）跟喬治．佛萊（George Fry）是首先靠「亞硫酸法」（sulphite）獲利的兩位。一八七二年，延續提爾格曼的研究成果，艾克曼用亞硫酸氫鹽跟鎂土（氧化鎂）的溶液製備出木漿。艾克曼生於瑞典，移居英國後與喬治．佛萊成為事業夥伴。一八七四年，瑞典蓋起了一座採用艾克曼－佛萊「亞硫酸法」生產的紙廠，而這樣的製程確立後獲主流沿用到一九四〇年代，才被新崛起的「硫酸鹽法」（kraft process）取而代之。由德國化學家卡爾．F．達爾（Carl F. Dahl）發現的這種製程是使用硫酸納來生產出強度更上層樓的紙漿，事實上硫酸鹽法名稱中的「kraft」，在德文裡的意思就是「力道」或「力量」。

化學製漿加上機器造紙技術的出現不僅讓紙張得以大量低價生產，同時紙張的品質與厚度也可以確實獲得控管，由此紙張的標準規格應運而生。但其實在歷史上，已經有人嘗試過要制定紙張的尺寸標準，其中最早的一次得追溯到收藏在西班牙波隆納市民考古博物館中（Archaeological Civic Museum of Bologna）裡展示的一塊石灰岩板上，這塊一三八九年的古物上刻著這樣的銘文：

> 這些將作為波隆納城的典範，不論是波隆納城內或周遭區域所生產的棉紙，尺寸都將如下獲得標示。

這段銘文之下就是一組四個長方形，標示四種分別名為「帝王」（imperialle）、「皇家」（realle）、「中型」（mecane）與「小型」（recute）的尺寸規格。其中帝王與皇家的尺寸規格雖然有小幅變動，但名稱仍持續沿用到十進位的公制出現。我們甚至不能排除「帝王」規格是源自於古代莎草紙典籍大小的可能性。

在整個中世紀晚期，造紙這一行開始使用浮水印來作為紙張品質的憑證。浮水印是將造型金屬線圈壓入靜置於模具中的紙張半成品而得，其用途除標示生產廠商外，也是使用者判斷紙張大小的線索。比說說「弄臣帽」（foolscap）的浮水印就代表紙張的長寬分別是十七吋（約四十三．一八公分）與十三點五吋（約三十四．二九公分），而會叫這個名字，是因為這種浮水印的原始圖案就像我們在時代劇看到或歷史課本裡讀到的弄臣形象一樣，帽舌跟鈴鐺都一應俱全。弄臣帽浮水印的出現是在十五世紀中。雖然後來被象徵英國的不列顛尼亞女神（Britannia）或獅子所取代，但「弄臣帽」的名稱卻沒有消失。事實上就我所知，「弄臣帽」是唯一被布萊恩．伊諾（Brian Eno）[9]在歌裡點到名的傳統紙張規格。

一七八六年，德國物理學者喬治．克里斯托夫．李契騰伯格（Georg Christoph Lichtenberg）手書一信給

9 一九四八年生，英國音樂家、作曲家、製作人；創作的〈Back in July's Jungle〉一曲中有出現「These are your orders, seems like it's do it or die. So please read them closely. When you've learnt them, be sure that you eat them up. They're specially flavoured with burgundy, tizer and rye. ***Twelve sheets of foolscap***, don't ask me why」的歌詞。

同為科學家的約翰・貝克曼（Johann Beckmann），信裡提到他給學生出的一道習題。李契騰伯格給學生的挑戰是要去找到一張紙可以「對折後長寬比不變」。為了讓友人知道他在說什麼，李契騰伯格想要放張這樣的紙在信裡。「我想要按這標準剪出一張樣本，卻驚喜地發現這紙已經有了，它就是我如今用來寫信給您的信紙。」照理講這是一個數學上的難題，沒料到答案竟遠在天邊，近在眼前，問題就寫在答案上。

李契騰伯格相信這個比例有其「美感與獨特性」，因此提問「有這樣的精準拿捏，紙匠是得到指示還是沿襲傳統？這樣的規格從何而來？要說是意外也過於牽強了吧？」事實上，李契騰伯格丟給學生的這個謎題並非他首創：十八、十九世紀間號稱「大學五才女」（Universitätsmamsellen）之一的德國學者多蘿希亞・史洛澤（Dorothea Schlozer）在一七八七年解出這一題，而她的恩師早在一七五五年就知道這個比例的存在，只是解不出來。

這個近乎魔法般的比例就是一比根號二（$1:\sqrt{2}$；大約是一比一・四一）。找張符合這比例的紙，然後與從長邊的正中間剪成兩半（剪刀的行進軌跡與短邊平行），就能得到面積剩一半但長寬比不變的兩張紙，而這也就是我們再熟悉不過的A系列紙張比例（把一張A3大小的紙從長邊中間剪開，就會得到兩張A4）。但這比例似乎又可以回溯到數千年前（前面提到波隆那市民博物館裡的石板上的四種紙張規格裡，就有兩種的寬長比是一比一・四二）。

關於這個比例，德國的華特・波爾斯特曼博士（Dr. Walter Prostmann）在一戰過後提出了思慮更周到的系統。波爾斯特曼一八八六年生於蓋爾斯朵夫（Geyersdorf），曾於大學修習數學與物理。一九一七年他發表了自身首篇以「標準化」為題的論文，引起了當時新成立的「德國產業標準委員會」（NormenausschuB der deutschen Industrie ; Standardisation Committee of German Industry）局長瓦德默・海爾密希（Waldemar Hellmich）的注意。接著幾年的時間，波爾斯特曼投身發展他的系統，最終的成果獲「德意志規範機構」（Deutsches Institut für Normung）內部的委員會頒布作為德國的國家標準，代號 DIN 476，時間是一九二二年。一九二四年，同一套標準又獲選為比利時的標準，然後世界各國開始慢慢跟進。一九六〇年，使用這套系統的國家已經多達二十五個；一九七五年，這套標準已經廣泛流通，「國際標準組織」（International Organisation for Standardisation）直接將其定為代號 ISO 216 的國際通用規格。

ISO 216 中所標示的 A 系列規格是以公制的長度單位作為基礎。A 系列中的老大 A0 面積是一平方公尺，長寬分別為八四一公分乘一一八九公分（比例自然是一比根號二）。A 系列的每張紙對半切，就可以得到小一號的規格：

紙張大小寬長規格（公分）

ISO 216 另外包含了（主要用於印刷設計）的 B 系列。從 ISO 216 衍生出來的 ISO 269 於一九七六年問世，當中詳列了信封用的 C 系列尺寸規格，A4的紙張可以完整放入C4的信封。

在一八四〇年的英國郵務改革之前，透過郵政體系寄信基本上不太用信封。郵資是根據紙張的數量決定，而信封也算一張紙，也要算錢，所以想省錢的人就會用「二合一」的信紙（letter sheet），既是信紙當然可以寫字，但寫完之後對折封好就變成信，不需要額外使用信封。一八三七年，社會改革家羅藍・希爾（Rowland Hill）出了一本手冊《郵政改革：重要性與可行性分析》（*Post Office Reform: Its Importance and Practicality*）勾勒他對郵務改革的看法。希爾提議簡化整個系統，包括將郵資從以張數計算改成以重量計價，由此寄信的費用將大幅下降。更重要的是希爾建議不論收信地址的遠近採用統一費率，而且得先付費後投遞（當時郵資經常是收信人在繳）。一八四〇年，希爾的建議獲得採納，同時上路的還有兩種並行的郵資預付方式，一種是買附膠的郵票貼上，一種是買蓋好戳章的二合一信紙或信封。

關於新制上路後的二合一信紙與含郵資信封，藝術家威廉・摩爾瑞迪（William Mulready）接下了美術設計的工作。希爾的盤算是這些信紙跟信封會比郵票受歡迎，但沒想到二者同時開賣才幾天的工夫，摩爾瑞迪過於繁複的設計就踢到了鐵板，不列顛女神腳邊一隻雄獅的設計成了大眾的嘲諷的對象。希爾甚至在日記裡提到自己很擔心「要開始找別的東西來取代摩爾瑞迪的設計」，畢竟「大眾已經展現他們對美麗的無視，甚至厭惡」。就這樣，摩爾瑞迪的設計被迅速抽回，由浮雕（embossed）信封上場救援。由威廉・懷昂（William Wyon）設計的新信封上有維多利亞女王的形象。一個才一便士的新信封雖然一上市就賣翻，但仍難敵郵票在使用上的便利與彈性。

在希爾主導的郵政改革使郵費大幅降低，同時摩爾瑞迪的設計失敗後，便宜的量產信封需求開始快速成長（一八三七改革前，年寄信量約兩千六百萬封，一八五〇年增至三・四七億封，其中三億封用的是信封）。這之前，信封的製作是從長方形的紙上剪出鑽石型的「胚片」（blank），但這樣的作法很浪費紙。

倫敦的文具商喬治・威爾森（George Wilson）為此提出了新設計來「改善為生產信封或達成其他目的而進行的裁紙過程」，並於一八四四年獲得專利。威爾森利用幾何圖形的「密鋪」（tessellation）概念把信封胚片盡可能嵌滿紙面，讓紙的浪費降到最低。隔年，羅藍・希爾的哥哥愛德溫（Edwin）跟紙商華倫・德拉魯（Warren de la Rue）聯手以一台機器獲得專利，該機器除了可以切割信封的胚片之外，還可以自動把信封給折好（之前信封都得人工配合錫製的模子才能把信封折出來）。

生產上有了突破後，各式各樣的信封紛紛出籠，而且各自有不同的特色與功能。有沿著短邊封口的「口袋」（pocket）型信封，有沿長邊封口的「皮夾」（wallet）型信封，有經典的鑽石型「男爵」（baronial）信封；有偏長方形的「書冊」（booklet）型信封；有「票式」（ticket）信封、「側縫線」（side seam）信封、「公告」（announcement）式信封。信封的種類真的是有夠多，連光要把名字唸完都有點難。傳統的「男爵」信封是由鑽石形狀的胚片摺成，好處就是可以單點封口，但自從應用阿拉伯膠做成的自黏信封出現後，單點封口已經沒多大的意義了。一八五五年，一位禮儀作家曾經提到「封蠟章」美則美矣，但「已經沒有絕對的必要性了，畢竟『附膠』與『自黏』的信封都已經有了。」（同一位作家還警告大家不要選錯尺寸，把太大的信紙塞到太小的信封中；這位當年的專家說這樣代表你品味差，而且就像把肉肉的手要擠到迷你的手套裡，過程將會極為彆扭與尷尬。）信封上的阿拉伯膠必須要先沾溼才能使用，而要沾溼有兩個辦法，一個是用舌頭去舔，一個是藉助滾筒沾溼器的幫助。我只能說這不是一件好玩的事情。

影集《歡樂單身派對》（Seinfeld）裡有一集演到喬治跟未婚妻蘇珊到店裡挑喜帖，喬治要選最便宜的。雖然店員警告小倆口說這種喜帖的膠有問題，所以已經好幾年沒生產了，但很「幸運地」店裡還有幾箱存貨，加上喬治又很堅持，於是蘇珊就被說服了。後來喬治讓蘇珊一個人舔喜帖的信封（「啊，好苦！」她說，她抱怨苦的是膠的味道）。舔完信封蘇珊人昏了過去，被送醫急救，但最終還是回天乏術。醫生把壞消息告訴喬治時問到蘇珊有沒有接觸到任何「廉價的膠水」，主要是蘇珊的血液中驗出「某種常見於廉價信封上的有毒黏合劑」。喬治回答說她在寄喜帖給客人，但辯稱為想省錢而用廉價信封是因為要請兩百個賓客來，我想他這麼說也不是完全沒道理。

但這有可能嗎？但信封上的黏膠真的可以毒死人？真的對人體是這麼可怕的東西嗎？二○○○年，網路上曾流傳一個文章：

> 你還在舔信封嗎……看完我保證你以後再也不敢了！
>
> 加州有位女士是郵局的員工，有天她沒用海綿，而用舌頭去舔信封跟郵票，結果舌頭不小心被信封邊緣劃傷了。一星期後，她發現舌頭腫了起來。她去看了醫生，但什麼問題都沒有檢查出來。如此又過了幾天，舌頭又更腫了，而且還愈來愈痛，痛到她連吃東西都成問題。她只好再跑一趟醫院要個交代。這次醫生在照過X光之後說看到一個腫塊，然後就馬上幫她動了個小手術。
>
> 在手術室裡醫生把舌頭劃開後，爬出來的赫然是一隻活生生的蟑螂。原來信封的封口上沾了蟑螂的卵，然後輾轉在這位女士的舌頭裡孵化出來，唾液提供了足夠的溫度與水分。

美國有線電視新聞網（CNN）報導了這個真實事件。

這個「真實事件」早就被以都會傳說做為假想敵的「Snopes」網站打臉打到腫了，但就像所有彷彿九命怪貓的都會傳說一樣，這則網路謠言依舊健在。

不過話說回來，舌頭裡不會跑出蟑螂並不表示信封不可以當作殺人武器。一八九五年，《紐約時報》登出了一位S．費許海默（Mr S. Fechheimer）先生的死訊，文中說他「舔信封時舌頭被割傷後死於血液中毒」。《紐約時報》的新聞是真的，所以信封確實可以致命，但發生的機率真的很低，所以我們並不需要緊張兮兮，更不用做惡夢做到睡不著覺。

ISO 216所制定的紙張規格固然簡單明瞭，而且現在幾乎已經通行全世界，但美國還是不願意拜倒在ISO的魅力之下。老美不願就範的緣由自然是他們的內心從來沒有真正認同過「公制」，這也許是出於恐懼（「公制是惡魔用的東西！我就是『喜番』說我車子一『豬頭』（hogshead）[10]的油可以跑四十『棍』

---

10 美國傳統的液體度量單位，一說等於六十三加侖（約兩百三十八公升），但《美國傳統英語字典》（*American Heritage Dictionary*）說從六十三到一百四十加侖都有可能。「hogshead」的字源眾說紛紜，語文學家威廉．史基特（William Skeat；1835-1912）說這最早應該是條頓語系中一種容器或容量單位的名字，當時這種容器或單位的標誌是「牛頭」，所以在荷蘭文中是oxhooft或oxshoofd，在丹麥文中是oxehoved，在古瑞典文裡是oxhufvod，所以照講英文的正確版本應該是oxshead，會變成hogshead純粹是誤用。

（rods）[11]！」辛普森爺爺[12]曾大喊說），也許是單純懶得改變，但無論如何，這樣的裹足不前已經讓美國成為全球的異數，連自家中央情報局（CIA）都在《世界各國紀實年鑑》（*CIA World Factbook*）中提到：

> 目前全球僅三個國家——緬甸、賴比瑞亞、美國——尚未採用「國際單位制」（International System of Units，簡稱 SI，即公制）作為其官方的重量與測量體系。雖然法律上美國早在一八六六年就規定使用公制，但實務上的推展卻極為緩慢，一般民間仍使用「美國傳統制」（US Customary System），即具有美國特色的「英制」或「大英皇家系統」（British Imperial System）。在主要工業國家中，僅剩美國尚未在商業活動或標準制定中以公制為主，惟在科學、醫療、政府部門與各產業中，公制普及的程度都在日漸提高。

美國，嗯，加油好嗎？

美國既不願意接受明顯較優的 ISO 216 系統（與公制），當然就只能沿用以「吋」作為單位的英制紙張規格，這當中除了八．五乘十四吋的「法務」（legal）規格、十一乘十七吋的「小報」（tabloid）規格外，最常用的還得算是八．五乘十一吋的「信箋」（letter）規格。美國這種「信箋」規格的起源不是很清楚，但應該是來自歐洲無誤，主要是跟十七世紀的荷蘭造紙工人所引進的框架有關，當時有人發現十七乘四十四英吋的框架大約是造紙時單人操作的極限。而這樣做出的紙張正好是「信箋」尺寸的四倍大。

顧名思義，「法務」規格跟法律這一行有關。一八八四年，美國麻塞諸塞州一家紙廠裡一位叫做湯瑪士・賀立（Thomas Holley）的工人把廢紙蒐集起來後裝訂成便宜的手札本。天馬行空的賀立沒有拘泥於兩百年前荷蘭造紙前輩留下的傳統，他認為自己的手札規格自己定，於是就隨手把手札紙的長度加了三吋，然後開了家「美國札記本與紙品公司」（American Pad & Paper Company，簡稱Ampad），手札正式開賣。公司開了之後，有位叫威廉・巴克米勒（William Bockmiller）的文具商找上門，還帶來了一個特殊的要求，原來是巴克米勒自己有個法官客人平常會買普通的手札紙回來畫線，現在法官希望能花點錢買上面已經印好格線，而且有留白處供他加註的手札。賀力收到要求後便開始研發，最後做出來的東西就是經典的黃色「法務札記本」（legal pad）。傳統上冠上法務札記本之名的手札都是黃色的，但原因不可考，一說是因為法務札記本一開始是集各家紙廠的散裝紙，所以用黃色來給本子一個統一的外觀；另一說是在一堆平凡無奇的白色文件當中，黃色的外型好認很多。不論哪一說比較接近真相，黃色流傳至今是一個事實，現在還有人說比起白色反光刺眼，黃色的紙張看起來也輕鬆很多。

不過世事難料，賀立雖然設計出一本非常「合法」的札記本，但自己的行為卻有點違法。主要是在一九〇三年的十一月，報紙開始報導「美國札記本與紙品公司」的財務出現異常。

11　美國傳統長度單位，換算的說法眾多，目前的規定是相當於約五點零三公尺。

12　美國電視卡通《辛普森家庭》中的爺爺，中文版名字叫荷熊，是荷馬的爸爸，霸子、花枝、奶嘴的爺爺。

長年擔任「美國札記本與紙品公司」董事長與帳房的湯瑪士．W．賀立（Thomas W. Holley）於週六被發現挪用公款，短少的金額目前尚無法完全確認，但現有資訊顯示是三萬五千美元。

據信賀立是以公司的名義發行了假股票，募得的資金則中飽私囊。幾日後，洛爾太陽報（Lowell Sun）報導賀立已經潛逃到加拿大。

「美國札記本與紙品公司」帳房湯瑪士．W．賀立（Thomas W. Holley）目前行蹤不明。但關注追捕賀立進度的友人透露他人在加拿大。據傳賀立所有的壽險保單都附有自殺條款，只是不知道此時這對他或他的家人還有多少意義。他一共買了三萬美金的保額要在他遇到麻煩時用來安家，似乎已經盤算過自己早晚會出事情。

賀立或許首創了美國人覺得很親切的「法務札記本」，但他絕非開賣有格線札記本的第一人。一七七〇年，來自倫敦的約翰．泰特羅（John Tetlow）搶先用「能給紙畫上格線以記錄音樂或用作其他用途」的機器取得了專利。七年後，喬瑟夫．費雪（Joseph Fisher）申請了專利給一台「萬用機器」，

誰把橡皮擦
戴在鉛筆的頭上？

這機器除了能標線以利「寫作或繪畫」之外，還可以用來生產方格紙（squared paper）。雖然對於大多數人的需求來說，一台機器可以生產出有橫線或方格的紙張，已經算是非常足夠了，但還是有人不甘於只有白紙、橫線跟方格可以選擇。對這些比較挑剔的人來說，能被他們看上眼的是「寫作障礙」（Writersblok）牌的點格（dot grid）系列或由西班牙平面設計師海美・納爾瓦埃茲（Jaime Narvaez）所發想出來的夸德諾（Cuaderno，西班牙文之意即為筆記本）系列。其中夸德諾系列內含：

> 一套共四本跳脫了格線與方格的傳統，新的圖案躍然紙上。這些圖案可以看作是繪畫，但又保留了傳統筆記本的功能。就像是在邀請使用者去發想、試驗嶄新的繪畫跟書寫風格，讓我們的目光焦點重新回到書寫的媒介身上。

賀立開發出來的法務札記本通常是訂起來的，上面有齒孔的虛線方便使用者把筆記撕下來歸檔。但筆記本的裝訂選擇不是只有一種，喜歡用訂書針裝訂起來的有西爾溫記事簿（Silvine Memo book），喜歡線裝的有Moleskine，喜歡精裝的有「黑與紅」（Black n' Red），喜歡螺旋裝訂的有英文叫作「jotter」的小筆記本。當中我覺得螺旋裝訂的小筆記本特別讓我丈二金剛摸不著頭緒。位於上方的螺旋裝訂固然讓筆記變得方便，讓人可以用超快的翻頁速度去追上瘋狂的說話速度，問題是用一用我會失去方向感，我會搞不清楚哪邊是往前，哪邊是往後。我會在用到一半的時候忘記自己身在何處。通常在要找自己急忙中寫下來過的東西時，我會至少有印象是寫在筆記本的左邊還是右邊，這樣多少可以增加我找到的機率。但小筆記本上真的沒有什麼很明顯的路標，那個我急著救命的資訊就像一支針落在大海裡。這時候真希望筆記本可以有「搜尋」功能。

可能就是因為需要搜尋功能的人愈來愈多，iPhone 上的 Notes 與 iPhone 跟 Android 版本都有的 Evernote 成了甚受歡迎的手機筆記軟體。這些軟體讓人的筆記跟想法可以跨裝置同步，又可以不用滿身大汗地把要的東西給找出來，結果是傳統上用筆把事情寫在紙本上的習慣不禁嚇得全身冒冷汗，但其實這兩種作法不需要是死對頭。Moleskine 的「Evernote Smart Notebook」之所以出現，就是希望能把真正拿筆寫字的觸感與快感跟便利的數位搜尋與雲端運算給結合起來。你可以先把東西寫在紙質的筆記本上，然後再拿出「智慧貼紙」（Smart Stickers），按「家裡」、「工作」、「旅遊」、「行動」、「核准」、「退回」等主題分門別類後加上標籤，最後再用 Evernote Page Camera 拍下照片。每個人字寫得好或不好會有一點差異，但基本上能拍下來的東西就可以經辨識後加以搜尋。不過我想我寫的字，電腦要看懂應該很辛苦，但這也不能怪電腦，因為我寫的字常常連自己也看不懂。隨著人類生活中的螢幕愈來愈多，我們打字的技術是愈來愈好，但寫出來的字愈來愈醜，愈來愈難懂，這恐怕是我們不得不付出的代價。

但這也好解決。要讓機器看懂我們在寫些什麼，練習就對了。我們真的應該要多拿筆寫字，這算是我們能力範圍內對電腦的一點點體貼。

第四章

誰拿著鉛筆，誰就是老大

鉛筆我們都很熟悉，而且都是從小就認識，我們都是先經過鉛筆這一段，才「畢業」進入到墨水的世界裡，所以我們很多人會有一種鉛筆在歷史上一定早於墨水筆出現的錯覺。樸實無華的外表更加深了我們覺得鉛筆「清湯掛麵」的印象。沒有塑膠的筆身，沒有金屬的外殼，只有傳統而自然的元素。但木質的鉛筆作為一種發明，其實比我們大多數人以為的要年輕。我們甚至可以說鉛筆的歷史長於鉛筆，也可以說鉛筆的歷史短於鉛筆。看到這樣的一句話你可能以為作者在胡言亂語，但這話其實是說得通的。我想說的是，早我們熟知的鉛筆出現之前，西方語言裡就有（後來代表）「鉛筆」的字眼了，同時，早在我們認知中的木質鉛筆出現前，人類就已經開始拿鉛當筆用了。

跟拉丁文裡的「penis」同源的「penicillum」指的是藝術家用來處理雕刻作品細節或拿來畫畫的小刷子（刷毛取自動物的尾巴，所以大家受驚了，penis 在拉丁文裡就是尾巴而已，不是讓大家臉紅心跳的那個部位）。「penicillum」後來變化成法文裡的「pincel」，然後再傳到中古英文裡變成「pencil」。不過「pencil」的意思從原本的刷子變成現代所認知的「鉛筆」，是十六世紀初的事情了。另外，這裡一直說「鉛」筆、「鉛」筆，其實也是誤導，因為鉛（lead）固然曾被希臘人跟羅馬人拿去做筆，但現代的鉛筆裡其實並不含鉛，所以大家又可以鬆口氣了，畢竟鉛有劇毒，並不適合學齡的小朋友使用（當然讓你討厭的小孩例外啦）。

鉛筆的誕生是在十六世紀初，坎柏蘭（Cumberland）的一夜暴風雨後。到底是哪一年的事情已成歷史懸案，總之傳說是那場暴風雨之大將凱西克（Keswick）近郊勃洛黛爾（Borrowdale）原野上的一棵老橡樹連根拔起，隔天露出了地底蘊藏的一種神祕黑色物質：石墨。這個當時的新物質被歸類為「鉛礦石」，因為一眼看上去真的很像鉛，但它又有「黑鉛」、kellow 或 killow、wad 或 wadt 等別名就是了，但所有的名字都是在說這東西黑。也就是因為石墨跟鉛真的很像，所以我們才會有「鉛筆」的想法，而且想都不曾想要把這錯誤的名稱改過來。這就像我們用來照相的手機裡明明早就沒有「底片」或「膠卷」了，但我們拍照還是會說「film」，還有烤豆子的罐頭明明是鋁罐而非錫罐，但我們還是會習慣說它是個「tin」。

勃洛黛爾附近的農夫發現這種他們稱作 wadd 的東西還滿好用的，一開始可以用來標示羊隻，後來他們又發現了很多其他的功能，另外就是他們會把條狀的 wadd（也就是石墨）用線纏起來以免髒手。到了一五六〇年代，鉛筆在歐洲已經家喻戶曉；一五六五年，瑞士自然學家康拉德．蓋斯納（Conrad Gesner）出版了一本化石專書名為《所有這一類物件：化石、寶石、岩石、金屬與類似的物質；若干著作，大多為首次出版》（拉丁文：De omni rerum fossilium genere, gemmis, lapidibus metallis, et huiusmedi libri aliquot, plerique nunc primum editi；英文 Of all the kind of things, fossils, gems, stones, metals, and the likes; several books, most of them now published for the first time），當中有關於「鉛筆」的文字描述如下：

> 下圖所示的筆狀物乃作為書寫之用，成分是一種鉛（雖然我聽聞有人稱之為英國銻[1]），製法是

1 類金屬化學元素 Antimony 的中文名。

將其削出尖端後插入木質柄中而成。

從這段文字記錄中，我們可以看出蓋斯納所說的鉛筆並不是我們現代的鉛筆。首先，蓋斯納的鉛筆（可參考二〇〇六年德國筆廠 Cleo Skribent 生產的類似產品）並沒有一條鉛（石墨）芯貫穿筆身，而是將鉛插進空心的木管裡。所以從這個角度分析，蓋斯納的鉛筆在概念上比較接近「鉛筆夾」（port-crayon）或「鉛筆套」（leadholder）。藝術家在素描的時候，會拿蠟筆夾來夾住石墨、粉筆或木碳。大多是以黃銅製成的鉛筆夾為空心管狀，兩端都可以打開，粉筆或石墨可以插入其中一頭後用金屬環固定住，另外一邊則可以放另外一種顏色。鉛筆夾的風行在十七、十八世紀達到高峰，現在也還是有藝術界的人在使用，如一九四八年埃許納（M. C. Escher）的石版畫《握著畫筆的手》（Drawing Hands）上那兩隻互相在對方身上作畫的手所拿著的，就是鉛筆夾。相對於鉛筆夾可以夾粉筆、木炭跟石墨條，算是比較多才多藝，鉛筆套就真的套如其名只能套一樣東西。鉛筆套的套身部分以木頭或金屬居多，前方有個由大慢慢變小的夾子可以插入削尖後的石墨，然後由金屬環跟螺絲固定住。鉛筆套是繪圖員的首選，原因是繪圖需要精準的線條，而鉛筆套也因此成為了自動鉛筆的前身。

關於現代的鉛筆誕生於何時，看法並不一致。凱西克當地與附近的工匠首先於十六世紀末開始用木頭包住石墨（雖然也有人說同期的義大利才是這種工法的始祖）。凱西克當地並不鼓勵石墨外銷，而這小城也很快成了當時全球的鉛筆生產中心。勃洛岱爾是當時全世界僅有的高純度石墨來源，因此坎布里亞黑鉛（Cumbrian wadd）也在短短時間內奇貨可居，身價水漲船高。不僅石墨礦坑所在會有警衛駐守，有時候還會灌水淹掉礦坑以避免小偷潛入。翻身之後的石墨會由武裝人員運送到倫敦拍賣，而凱西克的鉛筆業者都會以高價買下這些石墨，然後再一樣全副武裝北運回凱西克做成鉛筆。凱西克的鉛筆製造是先將把大塊的石墨削細呈片狀，然後在細長的方形木桿中間鑿出一條溝槽來容納石墨。就定位後的石墨會用銳利的刀片修整至跟木桿齊平切斷，上頭再黏上另一片木材後將石墨包覆在中間。這樣的半成品之後就可以拿去做成鉛筆的形狀。

德國的紐倫堡在歐洲的中世紀發展成世界貿易中心，來自當地的貿易商開始進軍中歐買賣礦產，於是紐倫堡與礦業之間也產生了緊密的連結。隨著出身自紐倫堡的工人被引進勃洛戴爾開採石墨，引發了德國商人的興趣，於是他們開始用品質較差的紐倫堡石墨混合硫磺跟其他的黏著劑來生產鉛筆。但可想而知，這些鉛筆的品質完全沒辦法跟凱西克的高純度石墨產品相比。

一七九三年，法國對英國宣戰，兩國間的經濟封鎖導致法國無從取得凱西克生產的鉛筆，加上就連跟德國買次等貨都辦不到，於是法國戰爭部長拉撒勒・卡諾（Lazare Carnot）索性下令尼可拉－札克・康特（Nicolas-Jacques Conte）開發原料上不須倚賴進口的鉛筆。康特接受過人物畫師的訓練，法國大革命後轉而投身科學研究，一說康特這人是「滿腦的科學跟滿手的藝術」。雖然法國石墨（French plumbago）的純度不若勃洛岱爾的黑墨（Borrowdale wadd），但康特出於他對石墨性質的掌握，很快地就發展出一種新的製程，是把粉狀的石墨跟黏土混合做成細桿後送入窯燒。這樣做出來的東西比純石墨脆，但是品質優於德國的產品。康特在一七九五年申請了專利，直到今天，石墨加黏土仍舊是鉛筆生產的基本配方。

康特法的問世意味著不需要勃洛岱爾的高純度石墨，各國也一樣可以生產鉛筆，雖然這並不影響凱西克仍舊以高品質的鉛筆聞名於世。鉛筆的生產原本都是在小型的工作坊以人工為之，直到一八三二年，凱西克出現了第一座大規模的鉛筆工廠，有此創舉的是班克斯父子公司（Banks, Son & Co.）。這家公司後來轉了幾手，一九一六年變成坎柏蘭鉛筆公司（Cumberland Pencil Company）。又過了四年，英國筆業有限公司（British Pens Ltd）買下了坎柏蘭鉛筆公司，然後在凱西克蓋了一座新廠生產「德溫」（Derwent）牌鉛筆。二〇〇八年，公司又遷到了附近沃金頓的新址。

凱西克舊廠的旁邊現在是「坎柏蘭鉛筆博物館」。只要付四．二五英鎊，你就可以進到這間小而美的博物館，館方還會送入場的觀眾一本手冊跟一枝鉛筆。這間在班．惠特力（Ben Wheatley）二〇一二年的非主流電影《觀光客》（Sightseers）中亮過相的鉛筆博物館有豐富的陳列，可以讓訪客知悉鉛筆在當地生產的歷史，還有一枝「世界上最長的彩色鉛筆」做為賣點。足足有七．九一公尺（二十五英呎又十一點五吋）長的這枝龐然大物在二〇〇一年五月獲金氏世界紀錄認定為世界上最長的彩色鉛筆，而且重點是這是枝貨真價實的鉛筆。拿張紙放到它黃色筆芯的前面，你就可以寫出黃色的字跡。重達四百四十六．三六公斤（九百八十四．〇五英磅）的這枝大筆現在一頭掛在博物館的天花板上，當初搬進去可是費了二十八名壯漢吃奶的力氣。

前面說到有了康特的發現，各國生產鉛筆不再需要純石墨。而憑藉這一點以及與工業界的淵源，十八世紀的紐倫堡開始能跟凱西克分庭抗禮，競逐「世界鉛筆生產中心」的頭銜。今天的紐倫堡依舊有兩家世界級的鉛筆企業在此落腳，分別是「施德樓」（Staedtler）與「輝柏」（Faber-Castell），只不過對於誰做出了紐倫堡第一枝鉛筆這件事情，雙方的口水戰始終打不完。一六六〇年代，紐倫堡有三個家族開始手工生產鉛筆，他們分別是耶尼西（Jenigs）、葉格家族（Jagers）與施德樓家族（Staedtlers）。技術上來說，第一個被官方認定是「鉛筆工匠」的人確實是費德列克．施德樓（Friedrich Staedtler），他算是搶了勃洛岱爾前輩的光采。在這三個家族之中，也只有施德樓家族將鉛筆的事業代代相傳，但在行會（trade guilds）的把持下，紐倫堡市對於在城（牆）內設立新公司有著非常嚴格的規定，因此要到一八三五年，規定比較寬鬆了之後，費德列克．施德樓的玄孫約翰．賽巴斯汀．施德樓才得以用「J.S. 施德樓」之名登記了公司資格。

就在紐倫堡外面一個叫做史坦（Stein）的小鎮裡，一個做櫃子的木匠卡斯帕．輝柏（Kaspar Faber）從一七六一年開始製作鉛筆。輝柏原本是打算到紐倫堡城裡開店做生意，但前面說過市區的規定實在太嚴格，於是他只好向外發展。就這樣，施德樓鉛筆沒開成公司的這七十五年間明明有做鉛筆（有公司的雛型），但還是得跟輝柏各自表述自己才是鉛筆的元祖。這場歷史之爭一直打到一九九〇年的一項法院判決把勝利頒給了輝柏。於是二〇一〇年，當輝柏準備熱鬧地在隔年慶祝兩百五十週年慶的時候，施德樓只能黯然地過自己的一百七十五歲生日，但明明費德列克．施德樓做鉛筆要比卡斯帕．輝柏早了快一百年。我不知道一紙法院判決能夠改變什麼，但我不相信會有人因為施德樓公司「只」存在了一百七十五年，就覺得他們不是一家殷實而有歷史的鉛筆公司。

前面提到有了康特用粉狀石墨加黏土的新辦法，歐洲企業開始可以跟凱西克頂尖的對手一較長短。這種新的生產方式還讓廠商可以開始生產出硬度不同的鉛筆。只要調整黏土與石墨的比例，鉛筆筆芯的軟硬就可以跟著變化（要硬一點就多加些黏土，要軟一點就多添些石墨）。康特首創用編號來標示筆芯的硬度，數字愈大鉛筆愈硬。至於我們今天熟悉的H跟B分法則據信是位於倫敦的布魯克曼鉛筆公司（Brookman）所提出，其中H（Hard）代表比較硬，寫出來的線條比較細，B（Black）代表筆芯比較黑、比較軟。布魯克曼的鉛筆筆芯愈硬，上頭的H字母就會愈多。問題是隨著製程日新月異，做得出來的鉛筆軟硬範圍愈來愈大，比較合理的作法應該是把編號跟H/B系統結合起來，畢竟如果今天要去街角的「萊曼」（Ryman）挑鉛筆，你覺得「HHHHHHHH」跟「HHHHHHHHH」比較好分辨，還是「8H」跟「9H」比較好分辨，更別說你會想問老闆有沒有「HHHHHHHHHH」還是有沒有「9H」的鉛筆？如果說H跟B是兩個不同的世界，那最多人用的HB鉛筆就是端坐在中間的和事佬，HB象徵著平等與和諧，我們做人處事都應該以更「HB」為目標，當然英文裡HB可以代表很多事情，但我只推薦「平等與和諧」而已。

一八四〇年代，知名作家亨利．大衛．梭羅（Henry David Thoreau）在美國開發出一套類似的系統。雖然比較多人知道梭羅是因為他文壇巨擘（寫出《湖濱散記》（*Walden*））跟自然學家的身分，但他在鉛筆製造史上也值得記上一筆，可惜這些年來他的貢獻好像都被無視了。梭羅有很長一段時間在他父親位於麻塞諸塞州康科特（Concord）的鉛筆公司工作。在他加入之前，父親約翰．梭羅（John Thoreau）的鉛筆事業已經做得有聲有色，但梭羅還是有項不可磨滅的貢獻。我們不清楚梭羅是輾轉得知了康特把粉狀石墨跟黏土加在一起的作法，還是自行開發出了一種類似的方法，但事實就是在梭羅加入之後，公司很快就推出了四種不同硬度的鉛筆。直到今天，梭羅的分類法（#0–#4）都還是美國主流的鉛筆標示方式，其中「#2」大致相當於HB的硬度。約翰・梭羅是在一八二三年跟太太的哥哥查爾斯・鄧巴（Charles Dunbar）合夥開公司，兩年後鄧巴在新英格蘭發現珍貴的石墨礦藏，但因鄧巴的租約只有七年，所以他下定決心要在有限時間內盡快挖，有多少挖多少。

但第一個生產木質鉛筆的美國人，並非鄧巴。威廉・蒙羅（William Munroe）是一位同樣來自康科特的木櫃工匠，他於一八一二年開始生產鉛筆。當時的美國正在跟英國交戰，蒙羅的家具生意並不好做，但鉛筆倒是需求穩定而供應稀少，於是蒙羅心想：「要是改做鉛筆，我應該可以少一點競爭對手需要擔心，也比較能成就一番事業」。就這樣，毫無理工背景的蒙羅咬牙摸索了近十年，才終於生產出像樣的鉛筆產品。

蒙羅有個同事伊貝尼茲・伍德（Ebenezer Wood）在康科德的納許巴溪（Nashoaba Brook）附近開了一間鉛筆工廠——不是跟歌詞有句「誰有紙借我捲大麻？（has anybody got any Veras?[2]）」的那首〈伊班尼茲・古德〉（Ebeneezer Goode）[3]喔，是伊貝尼茲・伍德。伍德在裡頭擺各式各樣自己發明的機器來提高生產效率。楔形膠壓機（wedge glue press）可以讓一籮（十二打）共一百四十四枝鉛筆同時固定等膠晾乾；圓鋸可以同時做出六枝鉛筆的筆芯溝槽；另一種鋸子可以把鉛筆削成六角或八角形；然後還有一

2 在倫敦東區的考克尼藍領方言（Cockney Rhyming Slang）中，Vera Lynn = Vera = Skin = 捲菸紙。

3 英國電音樂團 The Shamen 在一九九二年推出極具爭議性的暢銷曲〈Ebeneezer Goode〉，當中有許多關於毒品的影射，副歌「Eezer Goode, Eezer Goode / He's Ebeneezer Goode」前面的 Eezer Goode 聽起來跟「Es Are Good」一樣，而 E 就是黑話裡的毒品「搖頭丸」。

台機器用來把石墨磨成粉。蒙羅一開始領先梭羅，但到了一八三〇年，蒙羅跟梭羅的雙羅之爭變得非常白熱化，當中又以梭羅的鉛筆品質勝出很多。為了扭轉情勢，蒙羅想到的辦法是去遊說伍德不要幫梭羅磨石墨，但這個小手段反倒打了自己一耙，因為跟蒙羅比起來，梭羅才是伍德的大客戶，所以伍德最後選擇了梭羅，蒙羅反而成了解約的對象。

鉛筆的世界裡充滿了競爭。如果說德國有人會去爭誰是紐倫堡第一個做鉛筆的人，美國一樣有人會爭誰的鉛筆工廠才是天字第一號。一八二七年，發明家喬瑟夫．迪克森（Joseph Dixon）在賽倫（Salem）開了一家石墨加工廠。雖然迪克森從一八二九年起便少量生產鉛筆，但要等到卡斯帕．輝柏的曾孫來到新大陸，美國才真正出現專門做鉛筆的廠房。為了替在紐倫堡的家族企業確保有穩定的雪松木（cedar wood）貨源來製造鉛筆筆身，埃伯哈特．輝柏於一八四九年搬到美國，擔任傳至他父親旗下「安東．威爾罕．輝柏公司」（A.W. Faber）在新世界的代表。人到美國後，埃伯哈特．輝柏慢慢發現物產豐隆的美國很適合高品質鉛筆的生產，於是一八六一年，小輝柏在曼哈頓初試啼聲，開了自己的第一家工廠。

小輝柏最大的對手正是誕生於一七九九年的喬瑟夫．迪克森。迪克森極具創業精神，他說自己所受的訓練是要「見機行事，機會來了絕不放過」，這樣聽來，他若去參加《誰是接班人》（The Apprentice）[4]節目一定很有機會贏。但小輝柏運氣還不錯，迪克森有很長一段時間都在掌握跟鉛筆無關的機會。迪克森先是開了一工廠，拿在地的石墨來生產各式產品，當中包括拋光劑、潤滑劑與油漆。其時迪克森的公司名稱叫「喬瑟夫．迪克森坩　公司」（Joseph Dixon Crucible Company），看名字就知道原本生產的是工業用的耐熱石墨坩堝，只不過後來他的興趣慢慢轉移到鉛筆上就是了。迪克森跟鉛筆的第一類接觸始於一八二九年，也幾乎結束於在一八二九年，主要是實驗性質做出來的鉛筆品質很差，這時他還是做打鐵煉鋼得用到的石墨坩堝比較成功。但就像康特跟蒙羅等前輩一樣，他也發了「戰爭財」（戰爭，戰爭到底有什麼好處？一點好處都沒有—唯一的好處就是鉛筆的製程因此進步，跟著我再說一遍。[5]）。

南北的內戰開打後，美國國內對物美價廉的鉛筆需求大增，因為部隊在前線有隨筆紀錄事情與傳送戰情的需求。具有工廠背景的迪克森為此迅速開發出量產鉛筆的辦法。迪克森的鉛筆不僅品質穩定，而且每枝筆上面都刻有註冊商標的坩堝圖案。到了一八七二年，迪克森的公司日產八萬六千枝鉛筆，一舉成為全世界最大的石墨消費者。一八七三年，迪克森公司買下了位於紐約提康德羅加（Ticonderoga）美國石墨公司（American Graphite Company），而迪克森後來最具代表性的產品也叫作提康德羅加。一九一三年上市的迪克森．提康德羅加（Dixon Ticonderoga）並不是第一枝「黃袍加身」

4　由美國巨賈唐納．川普（Donald Trump）主導的美國實境秀，以企業挑選經理人為主題，由參賽者每集接受不同的挑戰來分出高低。

5　出自諾曼．懷特菲爾德（Norman Whitfield）與貝瑞．史東（Barrett Strong）於越戰時期為摩城唱片（Motown）所合寫的一首反戰歌曲〈戰爭〉（War），原唱是愛德溫．史達（Edwin Starr），布魯斯．史普林斯汀（Bruce Springsteen）的版本也頗知名。〈戰爭〉裡面有這樣的歌詞：「戰爭｜戰爭到底有什麼好處？｜一點好處都沒有｜跟著我再說一遍。」（War｜What is it good for?｜Absolutely nothing｜Say it again）。

的鉛筆，但絕對是最出名的一枝。在這之前，各種顏色的鉛筆外衣都曾經有過，但或許是出於實用的考量，或許是為了跟石墨的顏色搭配，大多數量產的鉛筆都還是漆成黑色。直到捷克鉛筆公司哈特穆師（Hardtmuth）在一八八九年的巴黎世界博覽會上推出「光之山 1500」（Koh-I-Noor 1500）鉛筆，才打破了這個傳統。

一八八九年時的哈特穆師公司已經是家成立近一世紀的老公司，創辦人是尤瑟夫・哈特穆師（Josef Hardtmuth）。哈特穆師於一七九〇年在維也納開了家陶器店，開沒十年，店內開始用康特的石墨／黏土法做起鉛筆。受到光之山黃鑽（Koh-I-Noor yellow diamond）[6]的啟發，哈特穆師的光之山 1500 鉛筆有著黃色外表，還有當時聞所未聞的十七種硬度可以選擇。突然間，黃色成為了品質的象徵，於是迪克森跟其他許多美國公司都把黃色當成自家的招牌，希望能因為黃色的正面形象而沾光。

喬瑟夫・迪克森坩堝公司（Joseph Dixon Crucible Company）不甘示弱所推出的迪克森・提康德羅加至今仍是美國最知名的黃色二號鉛筆。有著顯眼的黃綠色金屬箍（用來固定橡皮擦的那個套環）的迪克森・提康德羅加鉛筆的產量非常大，暢銷的程度更是讓喬瑟夫・迪克森索性把這名字冠在公司名稱上。

但迪克森・提康德羅加公司（Dixon Ticonderoga Company）並不是只是做鉛筆那麼單純，他們是希望能「鼓勵人去掌握自己有意識與下意識的思緒，然後用就像自己身體一部分延伸的工具去記錄與保存這些思緒。」「世界上最棒的鉛筆」固然是公司的廣告詞，但迪克森・提康德羅加確實物美價廉，也因此在短短時間內就橫掃了全美的辦公室與教室。只是賣得好歸賣得好，這枝鉛筆還是有它羞於見人的一面。大導演喬治・魯卡斯（George Lucas）寫下《星際大戰首部曲：威脅潛伏》（Star

Wars Episode I：The Phantom Menace）的劇本初稿，用的就是迪克森．提康德羅加，所以我們今天得忍受顧人怨的恰恰．賓克斯（Jar Jar Binks）[7]，這枝鉛筆多少得負一點責任。

除了喬治．魯卡斯之外，愛用迪克森．提康德羅加鉛筆的名人還有羅爾德．達爾（Roald Dahl）[8]，他每天早上都要先削好六枝迪克森．提康德羅加，才能正式展開一整天的寫作。達爾開始使用迪克森．提康德羅加是在一九四六年，之前他對戰後英國的鉛筆品質都很有意見，因為那些鉛筆用起來就像「用木炭在一塊礫石上寫字」一樣。作家對鉛筆的品質會如此敏感，要求到這個程度，其實再正常不過了，因為筆是他們吃飯的傢伙。「我每天長時間使用鉛筆，結果右手中指長了一個很大的繭，」約翰．史坦貝克曾如此寫道，「話說我每天手握鉛筆大概六個小時。聽起來可能有點奇怪，但又真實得不得了，我是隻被制約了的動物，有著一隻被制約了的手。」

相對於墨水筆與打字機的冷血無情，鉛筆給了作家犯錯的空間。所以在可以鍵盤按一下就讓整段文字不見的文書處理軟體出現之前，鉛筆算是在初稿寫作階段相對壓力不那麼大的創作工具。「我所有作品的初稿都是用鉛筆寫的，」東妮．莫里森（Toni Morrison）在一九九三年接受《巴黎評論》

6 歷史名鑽，重量超過一百克拉，一度是世界上最大的鑽石，原產於印度的安德拉邦（Andhra Pradesh），目前鑲嵌在英國伊莉莎白女王的王冠上。

7 星戰首部曲中的角色，曾號稱史上首位數位演員，但登場後惡評如潮，有「史上最令人煩躁」的星戰人物之稱。

8 英國知名兒童文學作家，較知名的作品包括《查理與巧克力工廠》（*Charlie and the Chocolate Factory*），曾被改編成電影（台譯《巧克力冒險工廠》），由好萊塢男星強尼．戴普（Johnny Depp）飾演巧克力工廠主人威利旺卡。

（*Paris Review*）訪問時說，「黃色的法務札記本（legal pad）跟一枝漂亮的二號鉛筆搭在一起，是我最愛的組合。」

一九八九年，史蒂芬・金在小說《黑暗之半》（*The Dark Half*）裡明白描述了鉛筆一旦放到作家的手上，對書裡的角色會有多大的力量。這本小說描述的是一位作家賽德・貝蒙特的故事，故事裡貝蒙特有部分作品用的是筆名喬治・史塔克（George Stark）。貝蒙特用本名寫小說，敲的是打字機，用筆名寫小說，握的是鉛筆。隨著劇情發展，喬治・史塔克發展出了獨立人格，影響到貝蒙特的正常寫作，貝蒙特於是決定殺掉史塔克。在這兩個人格的生存之戰中，鉛筆儼然成了一個象徵，透過鉛筆我們可以區別出此時的情節是哪個人格在當家。史塔克最終掌握了作家的身體，這時他手中的鉛筆就化身為武器。史塔克用的這枝鉛筆在書中不斷提到是「貝洛爾黑美人」（Berol Black Beauty）。史塔克鍾愛的黑美人原本屬於布萊斯黛爾鉛筆（Blaisdell Pencil）的一個系列，但經過一連串商場上的合縱連橫與併購之後，黑美人落腳在貝洛爾的旗下。這枝史塔克的愛筆已經絕版了，現存與其血緣最接近的鉛筆要算是「紙張伴侶米拉多黑戰士」（Papermate Mirado Black Warrior）[9]，「全世界寫起來最順的鉛筆——不順退錢！」

雖然看起來非常無辜，畢竟鉛筆的生命週期比較短，而且我們用鉛筆的主力年紀都是還不能用原子筆的學齡，但其實鉛筆絕對有潛在的危險性。不論是聽來很驚悚但還好多半屬於無稽之談的都會傳說，例如有壓力過大的學生在考試當中用兩枝鉛筆殺了自己，或是賽德・貝蒙特最終戰勝了自己的變態人格，還是希斯・萊傑（Heath Ledger）飾演的反派「小丑」在電影《黑暗騎士》（The Dark

Knight）中用「魔術」把鉛筆變不見（插到人腦袋中），都告訴我們一件事情，那就是鉛筆絕對有當殺人武器的潛力。木質的筆身，金屬材質（鉛）而又閃閃發光的筆尖，都讓人聯想到一支具體而微的矛。就算不拿來傷害人的身體，鉛筆也可以用來象徵精神上的創傷，就像由豆豆先生所扮演的艾德蒙·布萊卡德（Edmund Blackadder）在BBC的古裝歷史情境喜劇《黑爵士向前進》（Blackadder Goes Forth）中為表示自己瘋了，他拿了兩枝鉛筆往鼻孔裡一插，然後把一條內褲套在自己的頭上。另外在影集《雙峰》（Twin Peak）裡當由詹姆斯·馬歇爾（James Marshall）飾演的角色（也叫詹姆斯）聽到蘿拉遭到謀殺，他拇指間的那枝迪克森·提康德羅加應聲而斷（不知道那是枝道具鉛筆，還是演員本身的拇指真的這麼強大？總之我試過是沒有辦法）。或許因為鉛筆的壽命相對短暫，寫出來的東西一擦就掉，所以才讓鉛筆給了人不安與瘋狂的印象。作為一種書寫的工具，鉛筆從來不需要為自己的行為負責任，它可以配合主人的一時衝動，如果用鉛筆，日記裡也可以沒想清楚就寫下去，反正鉛筆一定會提供你出路。

當然絕大部分故事裡的角色或分身不會想要現身把作家殺掉，這點大家可以放心。但話說回來，對於虛構的角色，鉛筆確實有要你活就活，要你死就死的能力。「我會開個大玩笑，讓作品

9 「紙張伴侶」（Papermate）公司的前身就是由派翠克·佛利（Patrick Frawley）所創辦並推出「比百美」（Paper-Mate）原子筆的「佛利企業」（Frawley Corporation）。公司改名為「紙張伴侶」後開始生產更多樣的產品，當中除了本章提到的鉛筆——「紙張伴侶米拉多黑戰士」（Papermate Mirado Black Warrior）以外，還有「粉紅珍珠」（Pink Peark）橡皮擦跟「重播」（Repaly）原子筆。

裡的人物前不著村後不著店地等我」約翰・史坦貝克（John Steinbeck）在一封給朋友的信中寫到，「如果他們對我耍性格，想要一意孤行，我就會讓他們知道誰是老大，我不拿起鉛筆他們誰都動不了。」還好史坦貝克的角色跟讀者都還滿幸運的，他最後還是拿起了創作的鉛筆。事實上，史坦貝克在寫作生涯中嘗試過許多不同品牌的產品，希望能覓得「完美的鉛筆」，但他也坦承這並不是件容易的事情：

> 多年來我尋尋覓覓，希望找到完美的鉛筆。非常好的鉛筆我看過，但完美的鉛筆我沒見過。而且一直以來問題的癥結不在筆，而在我。同一枝鉛筆可以在某些日子寫起來很好，但換一日卻又不知怎的不對勁。像昨天我用了一枝又軟又順、很特別的鉛筆，從紙面上滑過去的感覺甚妙。今天早上我想要如法炮製，結果同一個牌子的筆尖卻斷給我看。而這一斷，倒楣事就一發不可收拾。

只要遇到喜歡的鉛筆牌子，史坦貝克一買就是好多打。他試過布萊斯黛爾計算用筆（Blaisdell Calculator）跟（寫起來頗黑且筆尖不易斷的）埃伯哈特・輝柏－蒙戈爾 480（Eberhard Faber Mongol 480），但他的最愛始終是黑翼 602：

> 我發現一個新的牌子，是我用過最棒的鉛筆。當然一分錢一分貨，這牌子的價錢是一般

> 行情的三倍，但這筆寫起來又黑、又軟，筆尖又不會斷。我想我會一直用下去。這個牌子的名字叫做「黑翼」（Blackwings），而這筆寫起來也真的像是在紙上滑翔一樣。

黑翼602（Blackwing 602）是一九三四年埃伯哈特・輝柏公司的產品。特殊的軟鉛是在石墨與黏土以外再加入蠟的結果，於是乎黑翼602得以標榜自己寫起來「事半功倍」，每枝黑翼上也才都印著「一半的用力，兩倍的效率」（half the pressure, twice the speed）這樣的標語。黑翼另外一個特點是它用於箍住橡皮擦的金屬環，竟然是方形，而非一般常見的圓形。一般圓形的金屬箍遇到橡皮擦用到差不多時，也就只能算了，但黑翼的扁方形橡皮箍內附有一個金屬夾的設計可以將橡皮邊用邊往外拉。

黑翼602的粉絲並不只有史坦貝克一人。以跟法蘭克・辛納屈（Frank Sinatra）合作聞名的編曲家尼爾森・瑞斗（Nelson Riddle）就把黑翼602當成他的最愛；昆西・瓊斯（Quincy Jones）在工作的時候一定會放一枝黑翼602在口袋裡；納博科夫（Vladimir Nabokov）在他最後一本小說《瞧那些小丑》（*Look at the Harlequins!*）裡就「置入」過這枝鉛筆（「我溫柔地撫摸著，你不斷輕輕轉著那枝黑翼鉛筆每個面向，」）；動畫師查克・瓊斯（Chuck Jones）形容他的作品是「黑翼鉛筆所創造出的一片片圖畫」；不過雖然有這麼廣大的群眾基礎，這枝黑翼620還是在一九九八年停產。埃伯哈特・輝柏公司在一九九四年被三福（Sanford）公司買下，然後專門用來生產黑翼特殊橡皮箍與金屬夾的機器也在大約同一個時期壞掉。由於橡皮箍的庫存還很多，所以三福公司決定機器不修了。四年後，金屬夾庫存終於告罄，黑翼

602鉛筆也就壽終正寢。公司之所以決定不修機器也不更換，是因為到了一九九〇年代中期，工廠一年也才生產一千枝黑翼602而已，正常來說這是一小時的量。對黑翼602的名人粉絲團來說，錢當然不是問題，但（相當於對手產品兩三倍）的高價也確實讓黑翼在C/P值上吃了點虧，畢竟這是個量販店的時代，獨立文具店正快速被「史泰博」（Staples）跟「辦公室補給站」（Office Depot）這樣的低價巨人給取代。

從一九九八年被宣告死亡以後，黑翼602取得了近乎傳奇性的地位。《波士頓環球報》（*Boston Globe*）、《沙龍》（*Salon*）跟《紐約客》雜誌都以文章歌頌過黑翼。網路作家尚・馬龍（Sean Malone）則以過去三年的時間記錄了黑翼602的歷史，成果都發表在他的「黑翼頁面」（Blackwing Pages）部落格上面。二〇〇五年，黑翼停產後七年，美國作曲家史蒂芬・桑坦（Stephen Sondheim）在受訪時說他還在用黑翼鉛筆，因為他在停產間囤了幾盒。「有時會有人寫信來問我：『你有門路拿到黑翼嗎？』」桑坦補了這句。全新沒削過的黑翼602在eBay上的成交價落在一枝三十到四十美元之間，但買這些鉛筆的人不光是來拿收藏，也有人是買來用的。

識貨加上知道黑翼的專利到期，加州雪杉產品公司（California Cedar Products Company）的查爾斯・貝洛茲漢默（Charles Berolzheimer）在二〇一〇年推出了帕洛米諾黑翼（Palomino Blackwing）鉛筆，算是埃伯哈特－輝柏經典黑翼的復刻版。一樣有軟調的筆芯與扁平可拆卸的橡皮，帕洛米諾黑翼甫一推出便大致獲得好評，但還是有些鐵桿的黑翼迷不滿新一代的黑翼沒有印上那句親切的「一半的用力，兩倍的效率」。隔年推出的帕洛米諾黑翼602從善如流，不僅在設計上更逼近前輩，就連筆身上的經典口號也給補了上去。

不過，並不是每個人都樂見黑翼以這種方式復活。事實上，看帕洛米諾黑翼最不順眼，也不諱言表達自己這種意見的，就是尚・馬龍（Sean Malone），也就是前面提到過「黑翼頁面」部落格的格主。就像 Modo & Modo 吃了查特溫跟海明威的豆腐，用這兩位文壇的傳奇人物來幫自家的 Moleskine 產品增色，馬龍認為加州雪杉產品公司也是在模糊埃伯哈特・輝柏公司的歷史來促銷自己的復刻版。帕洛米諾的官網宣稱查克・瓊斯（Chuck Jones）、約翰・史坦貝克（John Steinbeck）、作曲家與指揮家雷納德・伯恩斯坦（Leonard Bernstein）都用過黑翼，還表示很多人都說黑翼是「世界上最好的書寫工具」。為此馬龍連珠炮似地在部落格上連發好幾篇文章來重批加州雪杉產品公司，說他們這種「手法」等於是「文化塗鴉」（cultural vandalism），意思是他們「竟為了商業上的考量，任意移花接木，把響噹噹的人物名號用在廣告文宣裡，視史實、歷史人物的後世評價，乃至於黑翼 602 的確切文化史為無物」。這裡我們應該學到的教訓是：惹龍惹虎[10]，不要惹到鉛筆迷。

粉絲在 eBay 上砸大錢買埃伯哈特・輝柏的黑翼鉛筆，其實是很諷刺的事情，因為他們每用一枝，原版的黑翼就少一枝。他們等於是親手在抹殺自己的最愛。削鉛筆機每轉動一圈，都是在對黑翼索命。歷史情境喜劇《黑爵士》第二部（Blackadder II）有一集演到主角黑爵士艾德蒙（Edmund

10 台語。

Blackadder）對伊莉莎白一世（Elizabeth I）說：「夫人，沒有妳的生活就像壞掉了的鉛筆，沒有筆尖（沒有意義）。」而削鉛筆機給了鉛筆「筆尖」，也給了鉛筆「意義」，但削鉛筆的過程也是慢慢在奪走鉛筆的生命——等等，現在是在講削鉛筆機？還是在講人的婚姻？

最早的木質鉛筆應該是拿刀削，就像羽毛筆也是用刀把筆頭弄尖一樣。不過到了十九世紀，專門的削鉛筆機開始生產。一八二八年，法國里蒙（Limoges）的伯納・拉西蒙（Bernard Lassimone）獲頒一項「taille-crayon」的專利，也就是法文的削鉛筆機；一八三七年，來自倫敦的勞勃・古柏（Robert Cooper）跟喬治・艾克斯坦（George Eckstein）開始賣一種名字聽來很熱血的東西叫做「Styloxynon」[11]，其結構是「兩片銳利的銼刀以直角扎實地安放在一小塊玫瑰木上」，然後可以削出「跟針頭一樣小的筆尖」。到了十九世紀中，手持的小削鉛筆機——比方說像緬因州華特・佛斯特（Walter Foster）所開發出的那種，已經普及了。那時起這種小削鉛筆機的形制已經大致底定，沒有再大改過。

想到作家跟各種文字工作者對鉛筆的堅持，再聽到他們會很講究削鉛筆的方式，也就不足為奇了。此外，鉛筆還是一種不是很精確的字數統計法，換鉛筆會讓人感覺有進度，而且比單純數稿紙要有成就感得多。海明威就認為「一天的工作就是把七枝二號鉛筆給寫鈍」。在旅居巴黎期間，他都會隨身帶著筆記本、兩枝鉛筆跟一個削鉛筆機（「用小刀削太浪費了」）。在《流動的饗宴》（*A Moveable Feast*）一書中，海明威描寫到他人坐在咖啡廳裡「用削鉛筆機削著鉛筆，削下來的木皮蜷曲在我飲料的碟子上。」海明威這位大文豪在巴黎所用的這種削鉛筆機，我們每個人都不陌生，用法就是把鉛筆插進削鉛筆機，用手去旋轉，然後裡面的刀片就會削下一小片薄薄的木屑，就好像我們在削蘋果一樣。不過在十九世紀的後半葉，尺碼大上一號的機械式削鉛筆機便開始有人使用。通常是安裝在牆壁上或桌面上的這種機械式削鉛筆機，使用時是用咬合式的夾子把鉛筆牢牢地固定住，然後有一個把手可以用來轉動滾筒狀的刀片，如此不但產生出的一整片木屑極為精緻，鉛筆的筆頭更是尖銳對稱到沒有話說。對於這種削鉛筆機，尼可森·貝克（Nicholson Baker）在《巴黎評論》（*Paris Review*）裡有過這樣投入的描述：

> 說起來，當年上學最令人期待的，可以說就是削鉛筆機——一台小小的、金屬光澤的新鮮玩意，但又完全在你的掌握之中。使用起來聲音大作，好像有人在清喉嚨的聲音，我超愛的。提康德羅加，就好像是在模仿削鉛筆機的聲音。當然我會削太久把筆頭給削斷，但那也是因為我喜歡站在削鉛筆機前聽那主聲音，提康德羅加……羅加……羅加。

比起只有單一刀片的小削鉛筆機，機械式削鉛筆機不僅效率高，而且削出來的筆尖也大勝掌中型的小朋友，但一山還有一山高，連機械式削鉛筆機也得甘拜下風的，那當然是更加方便的電

11 這個字沒有什麼特別的意思，但按照作者的解釋是「y 跟 x 在英文裡是兩個相對少用的字母，所以同時出現在一個單字裡算是不太尋常。整體而言，這個字的奇特拼法給英語母語者一種奇特的異國感受，加上又是用在像削鉛筆機這樣尋常的東西上，名實之間的反差就又更大了。所以所乍看之下會給人一種很熱血的感覺。

動削鉛筆機。二十世紀初剛開發出來時，電動削鉛筆機不是給一般人用，而是鉛筆廠在用的業務用削鉛筆機，但經過數十年的時間流轉，電動削鉛筆機還是慢慢進入了辦公室與一般家庭。不過，畢竟電動削鉛筆機比其他選擇都貴上很多，所以這產品的目標族群是重度鉛筆用戶，包括約翰．史坦貝克：

> 電動削鉛筆機似乎是筆沒有必要的昂貴支出，但從來沒有一樣東西讓我覺得這麼常用，這麼好用。我每天需要削的鉛筆不知道有多少，但六十枝跑不掉，所以用手削不僅太花時間，而且手也太痠。我比較希望可以一次削完，然後一整天我就不用再管這事。

「在正常的寫作姿勢下，一旦鉛筆上方的橡皮擦的金屬環會碰到我的手，我就會讓這枝鉛筆退役，」史坦貝克寫道（退下來的鉛筆會給他的小孩）。鉛筆會愈削愈短是常識，但紐約的「高風險青年局」（Bureau for At-Risk Youths）好像沒想到這件事情。一九九八年，他們發鉛筆給鄰近校園的學生，筆身上面印著「Too Cool To Do Drugs」（我很酷，我不吸毒）。拿到鉛筆的學生很快就發現筆一旦愈削愈短，上面的字句就會先變成「Cool To Do Drugs」（吸毒很酷），然後再變成簡潔有力的「Do Drugs」（吸毒吧）。而且還是一個十歲的小學生點出問題後，大人們才發現到這個狀況，廠商這時候才開始把字反過來印，這樣最後剩下來的兩個字才不會是吸毒，而會是「Too Cool」（好酷喔）。「沒能早點發現，我們其實有點不好意思。」高風險青年局的發言人後來承認。

誰把橡皮擦
戴在鉛筆的頭上？

正常情況下，鉛筆太短並不構成什麼問題。不好握或許是啦，但會讓還在讀書的孩子變成毒蟲，我想是不至於。鉛筆一旦短到不好用，大部分人會換一枝新的——舊的會被打入冷宮，也許是電話旁邊的一個小罐子，也許被丟到某個抽屜裡跟針線、跟也不知道還可不可以用的電池放在一起。但太短的鉛筆其實可以有第二春。鉛筆的延長器有很多種類，但基本上要有一根管子，一頭開口讓短鉛筆插進去，然後要有一個螺絲或金屬環的構造來固定住鉛筆。能做到這樣，鉛筆就真的可以繼續用到油枯燈盡，死而後已。不過，有些鉛筆的延長器若太過花俏，倒是會產生一點風險，我說的是有人會誤以為你是一九六六年版《蝙蝠俠》（Batman）電影裡由柏吉斯・梅若迪斯（Burgess Meredith）飾演的企鵝先生，或者是《一零一忠狗》（101 Dalmations）裡的「庫伊拉夫人」（Cruella de Vil），這兩位都是長長的菸斗不離身。

鉛筆的延長器幾乎把鉛筆帶回到了「鉛筆夾」（porte-crayon）與「鉛筆套」（leadholder）的時代，當時木質鉛筆還不是很普及。鉛筆夾或鉛筆套裡的「鉛」一旦鈍了，就得拿出來弄尖後再放回去。十七世紀時，有些鉛筆套附有彈簧機制設計可以把鉛給推出來，而這可以說就是自動鉛筆的雛形。史上第一枝自動鉛筆的專利屬於倫敦一位土木工程師約翰・艾薩克・霍金斯（John Issac Hawkins）跟一個銀匠桑普森・摩丹（Sampson Mordan），那是一八二二年的事情。摩丹後來買下了霍金斯的那一半專利，然後跟文具商蓋布瑞爾・瑞斗（Gabriel Riddle）一同做起生意，開始生產他們的「永尖鉛筆」（Ever-Pointed Pencil）。因為不用削，所以永尖鉛筆用起來明顯比較乾淨，人氣也很快旺起來。於是其他公司也開始生產起同類的自動鉛筆，但基本上在當時，自動鉛筆的定位是種新奇的玩具，而不是一個名正言順的書寫工具。

　賦予自動鉛筆書寫工具地位，將之扶正成為傳統鉛筆替代品的第一人，是伊利諾斯州的美國人查爾斯・奇潤（Charles Keeran），他的永利鉛筆（Eversharp Pencil）在一九一五年取得專利，在當時市場上算是突破性的產品，主要是永利筆身內含一匣可以裝十二枝的筆芯，「夠寫二十五萬字」。一九一七年，永利被轉賣給瓦爾公司（Wahl Company），幾年後鉛筆產量達到單日三萬五千枝。永利鉛筆的歷史有時候會跟一個差不多時期，名字又很像的日本自動鉛筆混為一談，那就是由早川德次（Tokuji Hayakawa）所出品的「早川永備鋒利鉛筆」（Hayakawa Ever-Ready Sharp Pencil），後來簡稱「鋒利鉛筆」（Sharp Pencil）。早川的公司後來轉行做起消費性電子產品，但「Sharp」（夏普）這名字也讓後世不至於遺忘公司的「當年勇」。直至今日，日本仍然走在自動鉛筆技術的最前沿。三菱鉛筆株式會社（Mitsubishi Pencil Company）於二〇〇九年出品的「uni クルトガ」（Uniball Kuru Toga）三百六十度旋轉鉛筆加入了齒輪設計，讓筆芯會邊寫邊轉圈，這樣筆芯就能始終保持完整的尖銳狀。

　面對自動鉛筆的創新，傳統的鉛筆廠無可厚非會視其為大敵。但施德樓倒是很大方地在自家的自動鉛筆設計裡融入了一點傳統的「色彩」。施德樓於一九〇一年推出的諾里斯（Noris）系列木鉛筆有著黃黑色條紋，迄今都還是各國校園裡熟悉的景象，而把這樣的黃黑色調繼續用在自家的自動鉛筆上，視覺上的反差不可謂不大，那是一種既熟悉又陌生的感覺，就像掀背版本的Mini Cooper變得好大隻，或是用遊覽車改成的新版英國雙層巴士（Routemaster Bus），現代產品硬要披上傳統的外衣，老皮新骨感覺就是很不對勁。話說經典的黃黑鉛筆設計不只突兀地出現在施德樓的自

誰把橡皮擦
戴在鉛筆的頭上？

動鉛筆上。某天上網在專賣電玩的「GAME」網站裡閒逛，結果讓我發現一款任天堂DS專用的觸控筆也採黃黑設計，盒裝後面的文案寫著「校園HB鉛筆風格的新穎觸控筆」。這小玩意兒倒是感覺有幾分詩意，畢竟鉛筆的前身是古希臘與羅馬人用來在蠟質平板上寫字的針筆，如今二十一世紀這枝賣你二．九九英鎊雖然廉價又俗氣，卻有一點認祖歸宗的感覺。把這種「落葉歸根」之舉發揮到更加極致的是Suck UK出品的「素描觸控筆」（Sketch Stylus）。乍看之下這是枝普通的木質鉛筆，但它有個祕密，那就是「原本的橡皮擦被換成了導電橡膠（Electro Conductive Rubber），所以正著用是鉛筆，倒著用它就是枝平板電腦的觸控筆，iPad、iPhone或其他觸控面板的裝置都通用。」

蠟板、針筆、鉛筆、觸控筆、平板電腦，這個輪迴終於完成了。

第五章

人非聖賢，孰能無過：誰來把錯誤蓋掉？

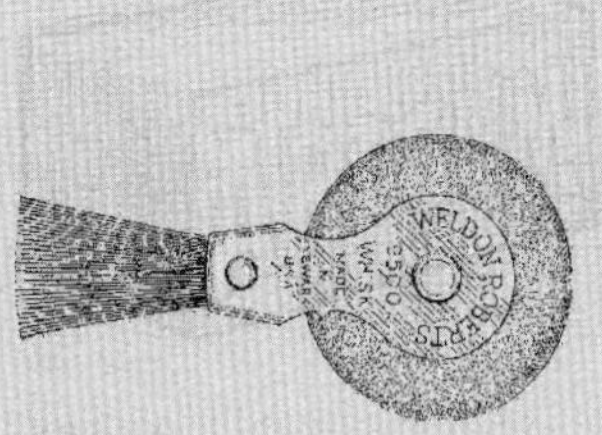

大導演大衛・林區（David Lynch）的電影作品《橡皮頭》（Eraserhead）裡有一幕是主角亨利（由悲劇走完人生的傑克・南斯[1]飾演）的頭冷不防掉了下來，一個小男孩撿到了以後送到一間詭異的工廠，由一名男性以空心鑽取下了一小塊圓柱體形狀的腦子，送進了機器當中。機器一邊開始轉動，一邊有條輸送帶上面是一列鉛筆。接下來看到亨利大腦的樣本被切成條狀，然後安在鉛筆上面橡皮擦的位置（《橡皮頭》的片名就是這樣來了）。最後機器生產出了鉛筆成品，男性操作員取了一枝削尖，在紙張上很快畫了一筆，然後試擦了鉛筆頭上的橡皮擦。測試完畢操作員點點頭說：「ＯＫ。」亨利的頭可以做出很好的橡皮擦，小男孩也換到了錢。但經過我的調查，橡皮擦並不是這樣做的。

用來製作橡皮擦的物質已經以「caoutchouc」、「hevea」、「olli」、「kik」等不同的名稱存在了幾千年。源自於熱帶國家樹木或植物中的「乳汁」（milk），這種物質最早為約三千五百年前的奧爾梅克人（Olmecs）所使用，他們是最古老的墨西哥文明。在歷史上的這段期間，這種物質主要的用途是製作巨大實心球來進行歷史記載相當可怕的「中部美洲球賽」（Mesoamerican ballgame）[2]，也就是如今「烏拉瑪」（Ulama）球的前身。為了製作這種球，奧爾美克人會自「彈性卡斯桑樹」（Castilla elastic tree）取得「乳膠」（latex）與「月光花」（Ipomoea alba）的植物汁液混合在一起，做成一條一條有彈性的原料，然後再將這一條一條的東西捆成球形。這種物質另外還會用於使布料防水，或製作成簡單的工藝品。

對照於在西方世界中，這種物質要到十五、十六世紀才為人所知，首先傳來這東西具有特殊性質的消息是來自於有「新世界」之稱的美洲大陸。到了十八世紀中，兩位法國科學家沙爾・馬熙・

德拉孔丹（Charles Marie de la Condamine）與馮斯瓦・弗黑斯諾（Francois Fresneau）看出了這種「新」物質的潛力。一七五一年，德拉孔丹把自己跟弗黑斯諾的研究呈給了巴黎科學院。一七五五年，這份報告以〈有關於弗黑斯諾在開雲（Cayenne）[3]新發現的彈性樹脂，以及法屬圭亞那或赤道區法國屬地各種泌乳樹木樹汁用途之紀實〉（Memoire sur une resine elastique nouvellement decouverte a Cayenne parM. Fresneau; et sur l'usage des divers sues latieux d'arbres de la Guiane ou France equinoctiale）之名正式發表，這是史上第一篇以此物質為主題的學術論文。不過這種「彈性樹脂」可以用來祛除鉛筆筆跡的特性，要到十八世紀後期才開始獲得應用。

資料上顯示第一個意會到這種物質可以拿來跟鉛筆搭配使用的，是英國的文具商艾德華・內恩（Edward Nairne）。一七七〇年，喬瑟夫・普萊斯利（Joseph Priestley）寫過一篇〈試論透視法的理論與實務〉（Familiar Introduction to the Theory and Practice of Perspective），文中提到他「發現一種物質極適合用來把黑鉛筆的痕跡去除」，另外還加註說明：

1 傑克・南斯（Jack Nance），1943-1996，美國演員，曾演出《橡皮頭》（Eraserhead）、《藍絲絨》（Blue Velvet）、《雙峰》（Twin Peaks）等多部大衛・林區作品。據稱一九九六年十二月二十九日清晨在加州南帕薩迪納（South Pasadena）一家甜甜圈店外面遭年輕男性毆打，隔日早晨神祕暴斃。

2 中部美洲包含地理上的中美洲（Central America）與墨西哥。中部美洲球賽按照歷史記載有宗教儀式的性質，比賽後會將球員以活人獻祭或斬首。比賽用球的大小據史書記載可達到九英鎊，超過四公斤。

3 法屬圭亞那首府。

對於從事繪畫的人來說，這東西只能有一個用途。賣這東西的是在皇家交易所對面開業的數學用具商內恩先生，他一次賣一小方塊，長度大概半吋，索價三先令；他說這東西可以撐好幾年不壞。

買得很開心、用得很滿意的普萊斯利後來在歷史上留名，因為他給了這能把鉛筆筆跡「擦」（rub）掉的東西一個流傳至今的名字——「擦子」（rub-ber）[4]，也就是「橡膠」（rubber）。在這之前（其實在這之後也是啦），擦掉鉛筆筆跡的辦法不外乎是用餿掉的麵包。一直到一八四六年，亨利．歐尼爾（Henry O'Neil）在為讀者介紹自己所著的《圖畫藝術入門——鉛筆、粉筆與水彩的用法》（*Guide to Pictorial Art–How to Use Black Lead Pencils, Chalk and Watercolours*）一書時還曾經提到：

> 繪畫的時候若用到鉛筆去塑造層次，不論是素描或是勾勒輪廓，最好都選軟一點的鉛筆，線條盡量放輕，需要修改則以印度橡膠（天然橡膠）或麵包屑為之。

但是隨著十九世紀往前推進，橡皮擦逐漸取代了餿麵包成為用來擦去鉛筆痕跡的主流工具，這才讓被餓了的鴨子團團圍住的藝術家跟繪圖師鬆了口氣。

整個一八三〇年代到一八四〇年代初期，美國發明家查爾斯．固特異（Charles Goodyear）投入了製程的研發，希望能讓橡膠的性質變得穩定，主要是天然橡膠遇冷會硬化變脆，遇熱會變軟之外還會黏乎乎的。固特異研究出在天然橡膠中添加硫磺，然後在高壓下蒸煮，就這樣他成功讓橡膠的耐久度大大提升，這也就是所謂的「硫化法」，英文叫「vulcanisation process」，意思是「放進火裡燒」，因為 vulcanisation 的字源就是羅馬神話裡的火神「武爾坎」（Vulcan）。只不過說了這麼多，搶先用硫化法去申請到專利的並非固特異本人，而是一八四四年英國的湯瑪斯．漢考克（Thomas Hancock）。原來還來不及申請專利，固特異就曾先把樣本送到英國企業界證明這項產品的潛力，而漢考克透過「反向工程」（reverse engineering），從固特異早期的一份樣本上發現褪色處呈現黃色，他判斷那就是硫磺，於是搶在固特異之前申請了專利。固特異或許沒有因為發想出橡膠的硫化法而大發其財，事實上他死的時候還欠了一屁股債，但固特異輪胎至少讓他留名青史。「筆者無意哀嘆，也不願侈言前人耕耘，後人割稻尾，」固特異寫道，「職人生涯的評價不該流俗於錙銖必較，播了種沒人收穫才真正教人遺憾扼腕。」

經認定比天然橡膠更耐久、更穩定之後，硫化橡膠開始成為文具中的一員。一八五八年，賓夕維尼亞州的費城有一位海曼．L．李普門（Hymen L. Lipman）獲頒一九七八三號專利，原因是他讓「鉛筆與橡皮合而為一」。李普門的設計包含一枝「與一般作法並無不同」的鉛筆，只不過鉛筆筆芯的部分只佔筆身長度的四分之三，另外四分之一包的是橡膠。

---

4 英國人管橡皮擦叫「rubber」，美國人管橡皮擦叫「eraser」，是一樣的東西。台灣按地域有「橡皮擦」、「擦子」、「擦布」等說法。惟「rubber」在英式英文中亦有保險套（condom）之意。

鉛筆（接著）會以「與一般作法並無不同」的方式製成，成品從一端切開，看到的是鉛筆的筆芯，切開另外一端，露出的是一小條印度橡膠可以使用，尤其適於移除或抹消線條、數字，同時這橡膠又不會在桌上放到髒掉或隨手一擱而找不到。

一八六二年，李普門把專利賣給了喬瑟夫．瑞肯朵爾弗（Joseph Reckendorfer），交易金額是十萬美元，也就是今天的兩百三十萬美元。之後瑞肯朵爾弗還針對這重金買來的專利做了一些修改。但當一八七五年埃伯哈特．輝柏（Eberhard Faber）開始販賣一種類似的產品，瑞肯朵爾弗一狀告上法院時，法官竟然判他跟李普門的專利都屬無效。李普門只是把兩種原本就有的東西（鉛筆跟橡膠），硬把它們湊在一起，卻沒有「從力量與操作流程的結合中產生不同於原本個體的力量、效果或成果。」從法院的角度來看，李普門的設計跟把螺絲起子綁在鎚子的把手上，或是把鋤頭固定在耙子的把手上沒什麼兩樣。兩種工具的結合或許便利，但算不上是發明，遑論專利。事實上，在原始的專利申請資料裡，李普門也沒有把話說成是自己發明了「某一端有橡皮的鉛筆」，另外就是他反覆在申請書中提及這鉛筆「與一般作法並無不同」，恐怕也是一種「不打自招」。

不過李普門的專利倒是突顯了一件事情，那就是鉛筆跟橡皮之間有「統派」跟「獨派」的存在。李普門在專利書中解釋了何以鉛筆跟橡皮最好合一，他說這樣可以讓橡皮不至於「在桌上放到髒掉或隨手一擱而找不到」。李普門強調的是便利性。你寫錯個字，沒關係，你知道安全網只有咫尺之遙，只要鉛筆一倒過來，你的錯誤就可以煙消雲散。就我個人來講，我是從來沒喜歡過鉛筆上的橡皮擦，我總覺得比起一般的獨立橡皮擦，鉛筆上的橡皮似乎比較硬，而且也不那麼順手。而且，一想到鉛筆上的橡皮一旦斷了或短了，金屬環一刮到紙上的聲音，我就一整個頭皮發麻。

論及鉛筆跟橡皮該分該合，歐美看似大不同。在美國，鉛筆附橡皮擦是基本款，但這在歐洲則是例外。但當然事情不會只非黑即白，像埃伯哈特·輝柏就讓歐美在這點上的歧異從涇渭分明變成了一團渾濁。誕生於德國的埃伯哈特·輝柏不僅打破了美國人喬瑟夫·瑞肯朵爾弗主張自己讓「鉛筆與橡皮擦合而為一」是一種發明的說法，甚至還出了一款後來會橫掃美國各教室的橡皮擦：「粉紅珍珠」（Pink Pearl）。

「粉紅珍珠」橡皮擦原本是埃伯哈特·輝柏旗下「珍珠」鉛筆系列裡的一個產品。簡簡單單的菱形線條、顯眼的顏色、柔軟的質地，全得歸功於廠商把火山浮石（volcanic pumic）跟橡膠還有「硫化油膏」（fatice）混合在一起。橡皮擦裡一定有天然橡膠或合成橡膠，但橡膠所扮演的只不過是「接著劑」（binding agent）的角色，佔橡皮擦成分的比重大多是一、兩成，其他還得加入的原料包括植物油與硫磺混合而成的「硫化油膏」，這才是真正具有「擦去」效果的成分。浮石或玻璃粉等摩擦性的物質也很常見於橡皮擦裡，這要視個別橡皮擦的產品設計而定。

粉紅珍珠的推出是在一九一六年，也就是「義務教育法」開始普及於全美的那一年（一九一八年密西西比州通過立法之後，美國全境適用義務教育）。粉紅珍珠便宜，品質又穩定，所以很快就在美國校園裡四處可見，所以說，英國人對這個名字可能不熟，但在美國它可是無人不知無人不曉。

一九六七年，藝術家維加・瑟明斯（Vija Celmins）以粉紅珍珠為靈感來源，輕木（balsa wood）為材料，嘔心瀝血創作出一系列粉紅珍珠的雕像，包括造型跟外漆都做得跟本尊一模一樣。這些作品從微不足道的橡皮擦為題，使之昇華為貨真價實，當之無愧的經典之物——六又八分之五乘二十乘三又八分之一英吋的龐然大物如今安放在藝廊中展示。事隔十年，雅芳（Avon）用另外一種特殊的方式向粉紅珍珠致敬——他們推了一款「粉紅珍珠」指甲刷（nail brush）（「上學、玩耍、做完功課，十隻忙碌的手指需要用力刷一刷，把指甲下面的汙垢給『擦』掉」）。

直到今天，粉紅珍珠那親切的斜角（bevel）造型跟顏色都還可以在「紙張伴侶」（Papermate）公司的版本上看到——「粉紅珍珠」的名字「周遊列國」了一番，一開始先是掛上了「埃伯哈特・輝柏粉紅珍珠」（Eberhard Faber Pink Pearl）的名號，後來化身「三福粉紅珍珠」（Sanford Pink Pearl），最後變成「紙張伴侶粉紅珍珠」（Papermate Pink Pearl）。所幸一路走來，變來變去的只有商場合縱連橫的企業與粉紅珍珠前面冠上的公司名稱，粉紅珍珠的形象得以全身而退，通體無傷——不論就形狀或顏色來判斷，繪圖軟體 Photoshop 上面的「橡皮擦」功能鍵（Eraser）圖示都很明顯是以「粉紅珍珠」為設計的藍本；另外在當紅的網路商店平台「Etsy」上面，賣家兜售的手作小物可以看到有粉紅珍珠造型磁鐵、粉紅珍珠造型徽章，甚至有加了隨身碟功能的改良版粉紅珍珠橡皮擦。

隨著合成橡膠、聚合物與塑膠的發展在二十世紀初趨於成熟，橡皮擦廠開始嘗試新的形狀、顏色跟氣味。粉紅珍珠兩端楔形的尖角開始變成圓形，這樣拿來拿去的時候比較不容易斷掉，用起來手感也比較好；同時間橡皮的材質變得比以前更有韌性，所以也可以做出方一點的橡皮，就像是白白淨淨的「施德樓火星塑膠」（Staedtler Mars Plastic）橡皮擦（紙上幾乎不殘留而且屑屑也極少），或是「紅環 B20」（Rotring B20）橡皮擦（像捲東西一樣地把石墨跟汙垢粒子給捲到橡皮屑裡頭）。

從古銅色壯漢般的「阿特剛」（Artgum）橡皮擦、米色的「魔術擦」（Magic Rub）、「擦個夠」（Rub-A-Way），到像是團可揉可捏的藍灰色補土或方方正正的白色塑膠，橡皮擦有很多不同的樣貌。介紹到現在，橡皮擦都還是正經八百，但其實多才多藝的橡皮擦也不是不能「輕鬆一下」。人人買得起，色彩豔麗，又帶點表面上的實用性，搞怪的橡皮擦是絕佳的教室限定收藏品。這類橡皮擦的外型選擇有人、動物、日用品（我姊用過一個牙刷形的橡皮擦，握把是黃的，刷毛是白的）、各種水果（還搭配對應的香水。草莓味配草莓型橡皮，史諾茲莓[5]的味道就配史諾茲莓形狀的橡皮）、還有以「文具假裝文具」進行形而上的哲學思考，偽裝成鉛筆的橡皮擦，堪稱是後現代主義裡的文具界「銜尾蛇」（Ouroboros）[6]。

橡皮擦能滿足我們的地方或許愈來愈多，但略長的菱形外型長存至今。有些橡皮會一分為二，一半偏軟用來擦鉛筆，多為粉紅或白色，一半粗糙用來擦原子筆或鋼筆，外觀是灰色或藍色。寫字的時候，鉛筆的石墨是留在紙「上」，擦起來相對容易，而會滲入紙張裡的原子筆或鋼筆墨水，要擦就有難度了。有很長一段時間，要弄掉墨水只能在紙上刮啊刮的。而按照墨水種類的不同，

---

5 兒童小說《巧克力冒險工廠》裡的虛構水果，據說不太好聞。

6 一個自古傳自現代的龍（蛇）咬尾巴圖形，名字的意義是「自我吞食者」，帶有「無盡」或「循環」等意涵。

刮的工具也有許多種：橡皮擦粗的那一半、特定種類的浮石（羊皮紙專用），甚至於是金屬材質的刀片。事實上我大學時候畫東西，就是這樣幹的。為了把描圖紙或繪圖紙上的墨水弄掉，我會拿刮鬍刀片在那裡小心翼翼地刮著。一、兩次我不小心讓指頭卡到刀片，好好的一張圖就毀了。這聽來很慘，但也只不過是一滴血壞了一張圖，包紮傷口外加重新畫過有點麻煩罷了，我覺得自己還是很幸運的。我會這麼說是因為從十九世紀末到二十世紀初，人類用來去除墨跡的工具與其說是刮刀，還不如說是外科用的手術刀。這東西根本不該出現在辦公室裡，因為它的本事可不只是割傷手指而已。

一九〇九年某天的《紐約時報》頭條是這樣寫的：「辦公室嬉鬧刺傷造成一死」。記者在文中提到十五歲的喬治・S・米立特（George S. Millit）在歡樂街（Pleasant Avenue）四二五號的工作處跟同事提到自己今天生日，結果同公司的女孩們逗他說為了慶祝他生日，要親他一下當作禮物。「所有女生都誓言要在下班時間一到就要親他，而且他幾歲就親幾下。」他笑著沒當回事，還說女生根本靠近不了他。

> 四點半一到，今天的工作結束，女孩們一擁而上將他團團圍住。他正想突圍，卻腳步一個踉蹌，人一邊往下倒，一邊大喊著：「我被刺到了。」

據推測他應該是想要躲同事，結果不小心被墨水刮刀給刺傷。米立特所屬「大都會人壽公司」

的財務協副約翰．R．海格曼（John R. Hegeman）對警方說他「相當確定米立特的死是個令人難過的意外。」米立特的工作是海格曼給的，而就海格曼所知「米立特在公司的表現優秀，同事間的人緣也很好。」海格曼說在米立特口袋裡發現的刮刀是「公司正常配給員工的用品」。這件慘劇的教訓是：上班不要提自己今天生日，不然明年今天就是你的忌日。

二十世紀初，打字機開始流行，而打錯的字當然也需要想辦法除掉。更硬、更粗糙的橡皮開始用來磨掉打字機來自色帶（ribbon）上的墨水。為求精準，打字機橡皮擦的形狀像個大型的銅板，一方面好握，一方面可以讓人針對打錯的字母「個個擊破」。橡皮上的任何灰塵或屑屑只要掉進去，都可能讓打字機卡住，所以這種碟形的打字機橡皮擦多半附有長長的刷子——就像如今存放在美國首都華盛頓哥倫比亞特區（DC.）美國國家藝廊（National Gallery of Art）園區裡，藝術家克拉斯．歐登伯格（Claes Oldenburg）所設計的「打字機專用橡皮擦，特大號」（Typewriter Eraser, Scale X）[7]那樣。

當然，如果你沒辦法把錯誤完全剷除，還有一個選擇是把錯誤偽裝起來、隱藏起來、掩蓋起來，像貝蒂．納史密斯．葛拉姆（Bette Nesmith Graham）就是這麼幹的。十七歲從學校畢業以後，貝蒂．麥可莫瑞（Bette McMurray）就把履歷投到美國德州一家法律事務所應徵秘書的工作。貝蒂其實不會打字，但福星高照的她竟然還是錄取了，而且公司還出錢讓她去上秘書學校。一九四二年，她嫁給

7 長寬高分別為 602.6 x 387.4 x 345.4 公分（237 1/4 x 152 1/2 x 136 英吋）

了華倫．納史密斯，隔年兩人生了個兒子取名麥可（Michael）。這段婚姻只維持了幾年，兩人就離異了。一九五一年，憑藉著努力跟毅力，獨立扶養麥可的貝蒂以單親媽媽之姿，在達拉斯的德州銀行與信託公司（Texas Bank & Trust）裡當上了執行秘書。這時的她仍然不擅打字，但很長一段時間這並不構成問題。反正打錯字她可以擦掉重打，問題會出現是因為公司後來把系統升級為IBM的電動打字機，而使用一般的打字機橡皮去擦掉錯字，會使得這些新機器所使用的碳纖膠捲色帶在紙上留下汙痕。

不過貝蒂也不是省油的燈。聖誕節為貼補家用而自請加班的時候，她原本正在裝飾銀行的櫥窗，弄著弄著她看見有油漆師傅在粉刷招牌，這給了她靈感。「遇到字母需要修改，師傅不會把原本的字弄掉，而是把錯的地方蓋過去，」貝蒂後來這麼寫道，「於是我決定學這些師傅。我把水性的蛋彩（tempura）漆料裝在瓶裡，然後跟水彩筆一起帶到公司，一打錯字我就用塗的。」一段時間後，開始有同事問貝蒂有沒有多的漆料可以分給他們，貝蒂這才發現這個她叫作「Mistake Out」（去去，錯誤走[8]）的東西可能有點搞頭。在請教過兒子麥可的化學老師跟在地的油漆店家之後，貝蒂付了兩百美元給化學老師，然後做了一些改良，最後她調出了一種以有機溶劑為底的配方，比原本的水性產品乾得更快。產品有了，貝蒂把名字改成「Liquid Paper」（液體紙張），拿到了專利，然後開始向朋友與同事以外的人推銷。

貝蒂在自家車庫裡組了一條迷你生產線。在麥可的幫忙下，他們一個月可以用裝番茄醬那種軟軟的塑膠瓶盛裝大概幾百瓶液體紙張。一九五七年，液體紙張上了一本雜誌，銷售量增加到單月超過一千瓶。市場雖然慢慢打開，但貝蒂並沒有辭掉銀行的工作，直到有天她竟然意外被開除了。諷刺的是，她之所以被解雇就是因為打錯字。她打了一封信要給老闆簽名，但卻心不在焉地把銀行的名字打成了「液體紙張公司」（The Liquid Paper Company），這對老闆來說簡直是可忍孰不可忍。

丟掉銀行工作後，貝蒂開始全職專注在液體紙張的生產，但想成功並不簡單，尤其麥可已經沒辦法待在她身邊幫忙（一九六五年，某電視台登廣告要找「民謠－搖滾」風的樂師／歌手在影集裡軋上一角，拿到角色的麥可一舉成了四人男團「猴子男孩」（The Monkees）的一員）。一九六八年，液體紙張公司的產能達到單日一萬瓶，光那一年的年營收就超過一百萬美元。接下來的幾年，公司開始進入高速成長週期，一九七五年的產量達到兩千五百萬瓶。四年之後，液體紙張公司被吉列企業（Gillette Corporation）以四千七百五十萬美元買下，此後，液體紙張每賣出一瓶，貝蒂都還可以額外領到權利金，一直領到二〇〇〇年。不過最後貝蒂的名氣被自己的兒子趕過，她的創新與創業能力不再為世人所熟知，只有在夜店裡猜謎機器（pub quiz machine）的答案當中，才會偶爾出現她的姓名。貝蒂在一九八〇年去世之後，麥可繼承了兩千五百萬美元的遺產，讓他有財力去實現自己的理念與夢想，那就是要做一個只播音樂錄影帶的電視節目。麥可後來做出的節目叫做「PopClips」（流行音樂影片），而這節目一不小心就成了ＭＴＶ音樂頻道的前身。所以，如果說錄影帶是（廣播）電台歌手沒落的兇手，

8 電影哈利波特裡的咒語。

那打字機的修正液就是付錢給兇手的那位金主。

液體紙張跟競品 Wite-out 在美國走紅，但歐洲人比較熟悉的是 Tipp-Ex。跟 Liquid Paper 一樣，Tipp-Ex 的作用是要修正打字錯誤，但 Tipp-Ex 原本並不是修正「液」。事實上，在一九六五年第一瓶 Tipp-Ex 修正液問世之前，由沃夫岡・達比許（Wolfgang Dabisch）所帶領的這家公司已經營運六年了。原本 Tipp-Ex 是一種打字員用的修正帶。在達比許眾多專利申請書之中，我們可以找到文字描述原本的 Tipp-Ex 是一種「於打字紙上，用來把錯誤之處抹除掉的一種材料。」這項產品在結構上包含：

……相對密合的底紙與覆蓋層。覆蓋層充滿微小的孔隙，因此其成分沒有滲入到底紙裡。覆蓋層沾附在底紙上但黏性不強，打字機按鍵的下壓力便足以使其自底紙上脫落；以覆蓋層的厚度跟打字機按鍵輪廓的精細度來說，覆蓋層成分可以藉壓迫完成轉移。

基本上，這一大段話的意思就是 Tipp-Ex 是一張沾了白色物質的紙片，你一旦打錯字就倒退一格，把 Tipp-Ex 插放到稿紙上，重打一次打錯的字母，打字機的按鍵就會把 Tipp-Ex 上的白色物質印到錯字上。接著你把 Tipp-Ex 拿掉，倒退一格，然後你就可以重新來過，打上正確的字母了。在大家都用 Word、Pages 跟 Scrivener 等大廠文書軟體的現在，這一整套流程聽起來真是複雜到無以復加，但那時候的人就是這樣弄的。

看到液態紙張等產品的成功，達比許也開發出了類似的產品。以原本 Tipp-Ex 修正紙的銷售通路作為基礎，達比許成功在納史密斯・貝蒂的產品還沒有離開車庫之前，就把Tipp-Ex修正液的品牌名號打響了整個歐洲。達比許的Tipp-Ex銷售之好，可以從語言的使用上看出端倪，話說在英國，Tipp-Ex不僅成了修正液的代名詞，還被拿來當成動詞使用。英國人會說「我們把錯的地方給『Tipp-Ex』掉了」，就像有人會說「我們『Hoover』（吸）了地毯」一樣。這樣的例子很多，有興趣的人可以去「Google」（搜尋）一下。

有天我在富勒氏（Fowlers）裡頭逛著逛著，突然發現事情有點蹊蹺。在一排排、一瓶瓶熟悉的Tipp-Ex與其他修正液（Snopake、QConnect）後面，我看到一樣沒見過的東西。我伸手到貨架深處，拿出滿布灰塵的兩個瓶子，兩瓶都是Tipp-Ex，但這兩瓶可不是架上第一排的新鮮貨。其中一瓶像是米色，也不知道是年久褪色變成這樣還是本來就這樣。我仔細看了看，瓶身的標籤上印著「Tipp-Ex航空郵件修正液」（Tipp-Ex Air Mail Fluid）──適用航空郵件與輕量紙張（產品編號4600）」，標籤周圍還裝飾著紅白藍三色的斜紋，就像標準的航空郵件信封一樣。至於另外一瓶是黑色的，標籤上寫的是「Tipp-Ex影印修正液」（Tipp-Ex Foto Copy Fluid）──適用銅版紙（印刷塗料紙）或一般白紙的影印資料──不溶解碳粉（產品編號4400）」。兩瓶古董Tipp-Ex的瓶身上都有小字寫著「西德製」，所以早在二十五年前兩德統一之前很久，這兩瓶修正液就已經在富勒氏店裡了。雖然這兩瓶Tipp-Ex早就都乾了，根本不能用，但我還是兩瓶都買了。

修正液一直是小瓶裝，也一直有一支跟瓶蓋一體成型的刷子，就好像女生的指甲油一樣。但這真的是最理想的設計嗎？光講用瓶子裝這點就有幾個問題顯而易見──瓶子會倒，一旦打翻修正液就會橫流到桌上，另外，乾掉的修正液會積在「瓶頸」，用久了修正液本身會結塊，比較重的色素會慢慢溶出而沉澱到瓶底，稀薄的、水水的溶劑則會浮在上頭。修正液會慢慢凝固在刷子上，硬掉的刷毛便開始分岔，這時候你想要把修正意塗得乾淨、整齊、精準，已經是不可能的任務了，要弄得亂七八糟倒是很容易。

這情形讓 Pentel 很不開心。Pentel 這家日本文具企業覺得他們可以就瓶身設計做點改良，於是他們蒐集了不知多少瓶使用過的修正液，好好觀詳加研究了一番，結果他們發現很多瓶子裡都還有沒有用完的修正液，但都已經乾了，另外，刷子的刷毛部分也都「必叉」（ㄅㄧ．ㄘㄜ）了，還有些修正液疑似有滲漏的情形。總之改善的空間很大。

一九八三年，Pentel 推出了新式的瓶身設計，新的瓶子比較小、比較方，然後刷子沒了，取而代之的是由彈簧控制的「尖端」內建在瓶身頂端，使用時把瓶身倒過來，然後把修正液從尖端開口處擠出來，就像在點眼藥水一樣。Pentel 接著把尖端與瓶身的輪廓又做了一番更加精細的調整，然後在一九九四年，Pentel 推出了尖端為金屬材質的筆型修正液。刷子，我們回不去了。

除了筆型修正液以外，瓶裝附刷修正液還有其他的挑戰者，那就是修正帶。修正帶誕生於一九八九年的日本，發明的公司叫 Seed。成立於一九一五年的 Seed 跟 Pentel 一樣，都不滿意於傳統的瓶裝修正液。但 Seed 想出來的辦法是改用「乾的帶子」——感覺還真像達比許的 Tipp-Ex 打字機修正帶。總之，Seed 花了三、四年的時間研發，終於在一九八九年推出了他們家的修正帶。但 Seed 的產品推出短短三年不到，Tipp-Ex 就在一九九二年也推出了自己的版本，名叫 Tipp-Ex 口袋鼠隨身修正帶（Tipp-Ex Pocket Mouse），並且隔三年又追加了同系列的迷你口袋鼠修正帶（Mini Pocket Mouse）。修正帶的構造包含一個塑膠的外殼內含一卷白色的帶子，帶上的乾式修正液會隨著壓力轉移到寫錯的地方，另外Tipp-Ex口袋鼠的外殼形狀就像隻老鼠，但這老鼠沒有任何的實用功能。修正帶明顯優於修正液的地方是修正液的成分原本就是乾的，所以改完錯可以馬上重寫，無須等待。另外也沒有修正液會打翻或灑出來的問題。

瓶子需要改良，這點是確定的，但其實可供改良的空間不大。Tipp-Ex針對瓶裝修正液所能想出來的更新，不過是把一般的刷子跟刷毛換成有稜有角的泡棉材質，號稱這樣可以讓塗修正液變得「更俐落，更準確」。

除了用塗的，用貼的，要把錯字蓋掉還有更科學的方法。一九三〇年代，德國筆廠百利金（Pelikan）開發出一種「墨水漂白劑」（ink bleach），一開始這產品被取名為「消去水」（Radierwasser或erasing water），或是有點嚇唬人的「墨水之死」（Tintenotod或ink death），到了一九七二年，公司又把品名改成令人眼睛為之一亮但又有點莫名奇妙的「墨水老虎」（Tintentiger或ink tiger）。再隔兩年，Pelikan再度把品名換成了「墨水閃電」（Tinten-blitz）。

兩階段的配方不止一種，其中一款華特曼筆業（Waterman Pen Company）所出品的史隆（Sloan）牌墨水消除劑（Ink Eradicator），滿適合喜歡在家用紙做點科學小實驗的朋友。打開史隆牌墨水消除劑的包裝盒，裡面會有兩瓶東西，分別就叫作一號瓶跟二號瓶。用附在瓶蓋上的刷子，使用者得先把一號瓶裡的東西塗上去，然後「焦躁地等著墨跡軟化」，軟化之後，使用者要先用吸水紙把多餘的液體吸掉，然後才可以把二號瓶的液體再塗上去，但使用說明特別提醒消費者要先「再抹一次一號液體，才可以用吸水紙去收尾」。這項產品還可以用來清除白色布料上的墨水、咖啡或果汁，都是套用同樣的流程，然後再用冷水沖洗即可。說明中特別提醒彩色的衣物不適用。

一九七七年，百利金（Pelikan）公司推出了「鵜鶘超級海盜」（Pelikan-Super-Pirat）雙頭筆，其中一頭是墨水消除劑，另一頭則是用來在「消除」掉的地方重新寫上字的永久性墨水筆。但這裡的墨水消除劑只給你一次機會，因為它並沒有辦法消掉另外一頭的永久性墨水，所以能重來的機會只有一次，要是沒有把握，消除劑也不會再幫你。

巴斯夫（BASF）這家化學公司在他們的 Podcast 上解釋了墨水消除劑的原理（你沒看錯，巴斯夫有 Podcast）。

首先我們先解釋一下藍墨水為什麼是藍的。藍墨水裡有扁平而呈碟形的顯色分子，而分子裡有許多電子自由地跑來跑去。打在這些電子上的光，大多會被吸收或者說被「吞掉」，唯有可見光裡的藍色部分會被反射出來，所以我們認知中的墨水才會是「藍色」。

墨水消除劑破壞了這些「顯色分子」的結構：

現在輪到墨水消除劑登場了。墨水消除劑裡有很大比例的亞硫酸鹽（sulphite）可以改變顯色分子的結構，原本扁平的分子會因此變成金字塔的形狀。這種形狀之下的分子，內含的電子將無法再自由移動，也沒辦法均勻分布在整個分子當中。結果就是：電子會恢復成反射可見光裡所有顏色的狀態。

所以說字其實還在紙上，只是你看不見了而已，聽起來有點像魔術：

這聽起來有點像魔術，但其實只是化學的手法而已。

這一類墨水消除劑只適用特定的墨水，也就是多數鋼筆所用的海軍藍，至於百利金公司產品某一頭所附的永久性墨水，因為使用了不同的配方，所以免疫於墨水消除劑的效力。此外，百利金公司還在產品上註明了以下的重要訊息：

本墨水的成分選取已經考量到所有對人體的風險與威脅，即使誤吞也不至影響到一般人的健康，但還是懇請諸位避免食用墨水，畢竟墨水不算在營養成分裡。

墨水不算在營養成分裡，說得好，我記住了。

墨水消除劑確實只對鋼筆的海軍藍有效，那原子筆呢？原子筆的反應跟鋼筆不同，相對於鋼筆的墨水與消除劑作用後會消失在眼前，原子筆的墨水則會糊成一片，然後消除劑的筆尖也會一併毀了。這不成，針對原子筆我們得另外想辦法。

一九七〇年代，就在大家都在「〇〇XX」的時候（〇〇XX請大家自行代入茶餘飯後我們說七〇年代在做的事情），「紙張伴侶」公司忙著開發可消除的墨水。歷經十年的研發，「重播」（Replay）原子筆（在美國叫 Erasermate）於一九七九年問世。Replay 用的墨水比一般算濃稠的原子筆墨水還要更乾一些，這特殊的配方意味著 Replay 在使用的時候得稍微用點力去壓，墨水才能流得順，才不會寫到一半中斷。而這也表示 Replay 可以用上下顛倒的姿勢來書寫，就像我們前面介紹過費雪的太空筆一樣（Fisher Space Pen）。這樣一枝筆對喜歡向後「傾」，仰著寫字，但又「傾」向於把內容改來改去的人來說，是非常方便的（沒有故意要開玩「傾」字的玩笑喔）。Erasermate 筆上的橡皮擦是附在筆蓋上，用法跟一般鉛筆的橡皮擦基本相同（「寫起來像原子筆，擦起來像鉛筆」）。問題是，這枝筆並不好用，所附的墨水橡皮擦會搓出一大堆渣渣。

墨水筆跟鉛筆之間的楚河漢界原本涇渭分明，但 Sharpie 卻一直努力想要模糊兩者間的界線。跟紙張伴侶（Papermate）Replay 一樣，Sharpie 於二〇一〇年推出的液體鉛筆（Liquid Pencil），同樣以寫起來「順如原子筆」，擦起來「像鉛筆」為目標。液體鉛筆號稱有革命性的「液態石墨」可以讓人「再也不用擔心鉛筆筆芯斷掉」，還保證能夠「重新定義書寫」。這種「液態石墨」的特性相當之神祕，就連 Sharpie 公司自己都好像沒有百分百弄清。本來 Sharpie 的說法是液體鉛筆可以寫完馬上擦掉，這點跟鉛筆一樣，但若沒馬上擦掉，墨水就會慢慢固定下來而無法擦去。不過之後 Sharpie 公司又改口說「跟 Sharpie 奇異筆不同的是，液體鉛筆永遠可以多少擦掉一些。」Sharpie 會這樣說，就表示只要你真的下了決心，液體鉛筆的字跡即便乾了也還是可以擦掉，正可謂有志者事竟成。相對之下，有種墨水極其敏感，你一不小心就弄掉了，不需要什麼決心。

「百樂魔擦鋼珠筆」（Pilot FriXion）的筆跡可以用熱度去除，主要是其所用的熱感應「metamocolor」墨水會在攝氏六十五度以上變透明。這種墨水內含一種特殊的微膠囊色素，膠囊內的三種成分分別是「上色物質」（coloring substance）、「顯色劑」（developer to color）與「調色劑」（adjuster for color）。在室溫下，上色物質會與顯色劑結合而顯現出墨色。而百樂魔擦鋼珠筆一端有個小小的橡皮擦，你可以用這個橡皮擦把顏色擦掉，其原理是摩擦會產生熱，熱會啟動調色劑與顯色劑結合，然後墨色就會神奇地消失了。

因著這種墨水的熱感應特質，百樂特別警告消費者不要把用這枝筆簽署的文件放在「暖爐邊、大熱天的汽車裡面」，甚至也不要「反覆影印」這些文件，因為影印過程也可能產生熱度讓墨跡消失。事實上，如果把筆放在太陽底下，裡頭的墨水也一樣會變透明。遇到筆跡或墨水消失的情形，百樂公司的建議是把文件（或筆）放入冰箱冷凍庫去冰，冰到零下十二度墨水就會重現。我的感覺是，用百樂魔擦筆的筆跡永遠會在「看得見」跟「看不見」的狀態之間徘徊，天氣會決定一切。所以百樂公司會在包裝上添加這段警語，實在也不值得奇怪：

警語

本產品不建議用於簽名處、法律書類、考卷，或其他任何需要永久性質筆跡的文件。

說到牽涉到法律效力的文件或紙張（支票、合約、結婚證書），你會希望知道自己剛剛簽下的東西要更改得找律師，而不是找吹風機。

人會想修改寫出來的東西，有很多正當的理由，有人是單純拼錯字，有人是想把囉嗦的行文修得簡潔些，但總是會有人存心不良想要鑽文具的漏洞。

法蘭克．艾巴內爾（Frank Abagnale）算是二十世紀一位很出名的騙子了。靠著假扮為機師、醫師、律師，乃至於其他各種身分，艾巴內爾在一九六〇年代初期兑現了金額高達數百萬美元的偽造支票，遭逮後被判了十二年有期徒刑。二〇〇二年，他的自傳《神鬼交鋒》（*Catch Me If You Can*）被史蒂芬．史匹柏拍成同名電影，飾演法蘭克本尊的是李奧納多．狄卡皮歐。雖然他的罪犯生涯看起來十足傳奇外加光鮮亮麗，但出獄後的艾巴內爾跑去當了銀行跟企業的顧問，告訴他們如何避免被詐騙。現在的他也還是繞著地球跑，到處分享他的經驗。

在他所寫的《偷竊的藝術》（*The Art of Steal*）一書中，艾巴內爾詳述了詐騙專家如何用文具來竄改雷射印表機印出來的支票：

他們會找一卷 Scotch 膠帶——灰色、霧霧的、撕起來不會把指弄破那種，然後拿來黏在支票的收款人（payee）姓名與金額上面。他們會用指甲用力在這膠帶上面按壓，然後再把膠

誰把橡皮擦
戴在鉛筆的頭上？

帶撕起來，這樣金額、姓名、地址等關鍵資訊就會帶到膠帶上。主要是碳粉會被 Scotch 膠帶黏住，然後從紙張的纖維上被取走。如果有剩餘的雷射碳粉沒清乾淨，他們還可以用高分子的塑膠橡皮擦來收拾殘局。

二〇〇六年，艾巴內爾跟文具零售業者史泰博（Staples）合作推廣「碎遍美國」（Shred Across America）的活動，宣傳的主軸是要大家善加保護自己的個資。而他們建議的保護方式，不意外的，就是在活動期間買台史泰博的碎紙機。艾巴內爾另外還跟製筆廠 Uni-Ball 合作開發出 207 中性筆（207 Gel Pen），號稱是「全球唯一，字跡無法用化學藥品或有機溶劑變造的墨水筆」。207 中性筆使用了「含有彩色色素的特殊配方墨水，而這種彩色色素會被吸收到紙的纖維當中」，意思是墨水會被「困在」紙張裡頭，所以無法變造，如此寫成的支票與文件當然就更安全，真實性也就更有保證了。

所以艾巴內爾最終還是彌補了自己對文具所犯下的罪過。只不過一開始好像也是文具先引誘他犯罪，而不是他先對不起文具。青少年時期，艾巴內爾曾經在他父親的文具店裡打工，整天被文具庫存包圍著。究竟「啟發」他走上罪犯之路的罪魁禍首，是不是倉庫裡的橡皮擦跟膠帶呢？

第六章

帶我走，我是你的：文具對人們的心靈操控

對某些人（包括我）來說，買文具是一種樂趣。進了文具店，包圍你的就是無盡的可能性，你可以變成全新的人，更好的人。買了這組索引卡，或這些螢光筆，我就終於可以成為自己希望的那樣整齊有條理了；買了這本筆記本，再加上這枝筆，那本計畫中的小說就一定能寫出來了。不過有時候，添購新文具會讓人有點興奮過度。莫里西（Morrissey）[1]曾形容自己去某家連鎖文具店萊曼（Ryman）的經驗，他說那是「人所能體驗的極致『性』經驗」（雖然他的意思應該是人能跟莫里西一起體驗的極致性經驗）。有腦充血的，當然就有性冷感的、從來不買新文具的人。那這些人需要文具的時候怎麼辦呢？很簡單，他們會這裡翻出枝無主的筆，那裡找到張沒人要的廢紙，他們是文具界的「免費素食主義者」[2]（freeganism）。

自從一九七三年，阿戈斯（Argos）在英國開了店面以後，這家零售連鎖業者便有一件事情非常出名，那就是他們家的藍色原子筆。在排隊結帳前，客人可以用這枝筆把要買的產品序號寫下來，這樣結完帳他們就可以直接在取貨處拿到他們的東西。沒有人不知道阿戈斯筆，但我們對阿戈斯筆真的了解嗎？我決定到家附近的阿戈斯拿幾枝他們的筆，然後當成一般的日常用筆來試看看。單就外表看來，阿戈斯筆顯然是極盡廉價之能事，同時我猜想這筆握起來這麼不舒服應該是故意的，如果太好握就容易被偷。有人可能會覺得這樣的心眼很壞，但如此的設計其實很有道理，甚至於我們應該誇獎阿戈斯懂得這麼委婉的方式「勸退」偷竊。能故意把筆做到沒有人想偷，算是身段很優雅地解決了一個可能會造成重大損失的問題。話說理查・H・塞勒（Richard H. Thaler）跟凱斯・R・桑斯坦（Cass R. Sunstein）共同提出過一個「推力」理論（Nudge Theory）[3]，阿戈斯筆的設計應該可以算是這個理論的實際應用，一種溫和派的心靈操控。

我一面痛苦地用著這枝廉價的免費筆，一面想到一個問題，那就是該公司一年做多少枝這樣的筆。阿戈斯網站的資料顯示他們一年有一．三億人次的客人上門，所以他們用掉的筆肯定不在少數，問題是「不在少數」到底是多少？為此我寫了封 E-mail 去問該公司，幾天後我收到回覆，公司先謝謝我提出這個問題，但表示相關的資訊是「商業機密」，不方便「透露給外部人士」。他們的意思是，我得想辦法應徵到阿戈斯上班才能知道這個祕密嗎？我是不太希望這樣，因為他們的公司總部在米爾頓凱恩斯（Milton Keynes）[4]，這樣我早上會很趕。

幾乎是藍色阿戈斯筆翻版的還有不同顏色，由各家博弈業者提供的「下注用筆」，下注用筆

---

1 史蒂芬．派翠克．莫里西（Steven Patrick Morrissey）英國創作歌手，常簡稱莫里西。一九八〇年代是另類搖滾團體史密斯（The Smiths）的作曲兼主唱，一九八七年樂團解散後單飛。莫里西是非主流獨立音樂領域中的重要創新人物，也是個特立獨行的爭議人物。外界形容他的歌詞是戲劇化、淒涼、但有帶點幽默感的觀察，至於觀察的對象則包括有行將就木的交往關係、過往的包袱與家的囚禁，整體而言讓人非常沮喪。

2 由 free（免費）跟 vegan（純素食主義者）兩部分組成，這個字指的是反全球化與環保主義在一九九〇年代發展出來的一種作法，免費素食主義者會向店家索取過期的食材或直接到他們的垃圾桶中翻找可以食用的蔬菜。Vegan 代表的純素食主義者不僅不吃肉蛋奶，連製造過程中摻入動物製品（如明膠）的食品也列入拒絕往來戶。

3 按照《推力：決定你的健康、財富與快樂》書中的講法，「推力」不是強制的規定，而是輕輕一股力量，這力量體現在聰明的設計上，便可以引導我們在生活中做出正確的決定。比方說荷蘭機場廁所裡的小便斗上增設了一隻小蒼蠅，男士小解時對不準的比例就大幅下降了八成。

4 倫敦西北近郊的新市鎮，距離倫敦大約七十二公里。

在立博集團（Ladbrokes）是紅色，在托特運動（Tote Sport）是萊姆綠，在威廉・希爾（William Hill）是深藍色，在派迪・鮑爾（Paddy Power）是深綠色。但不論顏色，這些筆的外型可說大同小異，僅僅八・五公分長的筆身幾無曲線與厚度，金屬筆尖卻突兀地長達半公分。我在想，如果能找到這些下注用筆的供應商，我應該就能知道阿戈斯筆的用量，這樣我就不用下海去阿戈斯應徵了。

托特運動用筆的供應商叫作「泰特耗材」（Tate Consumables）。泰特的官網上說自己這十幾年來都是「英國首屈一指的耗材供應商」，我想他們是客氣了，因為我想破了腦袋，也想不到英國有其他的耗材供應商。

泰特的主要客戶仍舊是加油站的泵島、樂透的投注站，乃至於各種業態的零售通路，真要說的話就是最近新增加的「列印服務」，讓我們切入了很多新的領域。

雖然說這類的廉價筆都長得差不多，但泰特倒是沒有做到阿戈斯或立博集團的生意，托特運動是他們僅有的博弈客戶。「如果說這些筆長得很像，我想那是因為代工廠是同一家吧，」泰特的業務代表如是說。我向這位大哥請教了他們家的代工廠商，他的回答是：「抱歉了，我的職級不夠高，不會知道這種事情。」追了半天，線索又冷掉了。

我把從阿戈斯、威廉・希爾、立博集團、托特運動跟派迪・鮑爾拿來的筆又更仔細端詳了一下，我發現這當中還是有些小地方不一樣，或許我之前認定它們都一樣的判斷太武斷了些。托特運動的筆比較圓一點點，轉角處比較沒那麼尖，立博筆的線條比較有個性，相對有稜有角，阿戈斯筆的輪廓又更斬釘截鐵些，橫切面幾乎已經是六角形。為了比較，我又多收集了一些樣本，結果我發現每家連鎖集團的免費筆之間確實存在差異；事實上，每家連鎖集團之下的每個店家，他們的筆也不太一樣。所以我花了這麼多時間研究博弈，到頭來卻是一場空。

阿戈斯在英國開業十四年後，來自瑞典的 IKEA 把英國的一號店開在沃靈頓。從那天開始，阿戈斯筆有了一個對手，IKEA 的免費鉛筆。相對於在阿戈斯店內，每個型錄攤位上只有六枝筆的額度，顧客不可能拿多，IKEA 的鉛筆則是一大盒放在那兒，就像是在對人招手，要人趕快過來抓一把似的（「我們提供鉛筆是希望顧客方便填寫訂購單，也很樂意持續提供這項便利」，IKEA 做了這樣的聲明）。二〇〇四年，英國《都會報》（*Metro*）報導，印有 IKEA 商標的短鉛筆已經成了最新「不可或缺」的時尚配件（事實上，「不可不偷」比「不可或缺」更貼近真相，因為免費提供給客人寫訂購單的這枝鉛筆，每年被順手牽羊的數量是以百萬計）。《都會報》提到有某位客人只去了 IKEA 一趟，拿走的鉛筆就高達八十四枝（不難想像這八卦報導的結論一定是「而且這傢伙還什麼都沒買」）。同一篇新聞提到「地中海遊輪上有人被目擊用 IKEA 鉛筆玩賓果，高爾夫球場有人用 IKEA 鉛筆記桿數，學校裡有老師拿 IKEA 鉛筆當獎品發給小朋友。」

會想知道阿戈斯每年做多少原子筆的我，自然也會想知道 IKEA 的鉛筆是怎樣一個狀況。我上了 IKEA 官網東看西瞧，找到一份二〇〇八年的資料，講到 IKEA 在英國營運二十一週年慶。這份資料裡有一頁的內容是關於 IKEA，很多人不知道的二十一件事情，其中第十件事情是：

去年（二〇〇七），英國 IKEA 的顧客用掉了一千兩百三十一萬七千一百八十四枝鉛筆。

對於這家瑞典公司的透明程度，我除了欽佩還是欽佩，我覺得阿戈斯公司應該跟 IKEA 學一學。

相對於阿戈斯選擇了用「推力」，用不符合人體工學的筆身來遏止顧客偷筆的衝動，銀行跟郵局的傳統作法要直截了當多了：用一條金屬鍊把筆綁在櫃台上。不過這些年來，就連銀行跟郵局這類老派的機構也都發想出了另類的辦法來對抗順手牽羊。

二〇〇五年，巴克萊銀行（Barclays bank）選了英國五家分行來試辦一種新的作法。主要是為了給人更親民的感受，巴克萊銀行把這些分行中戴著鍊條的黑色原子筆「打入冷宮」，取而代之的是「不被鍊條綁住的亮藍色原子筆，上頭的字句除了鼓勵顧客愛用，如果喜歡也不妨帶回家。」精確一點說，筆身印著的訊息有「銀行借我的」（Borrowed from my bank）、「從銀行搶來的」（Bank swag）、「帶我走，我是你的」（Take me, I'm yours.）、「我不用錢」（I'm free.）。主持這個企劃的是巴克萊銀行的行銷總監吉姆．西特納（Jim Hytner），他的說法是用鍊條鎖著的筆象徵了銀行端過時的待客之道，那種態度是：「我們基本上不相信你們會把用完的筆給放回去，但我們希望你們能把辛苦一輩子的血汗錢交給我們保管。」西特納希望帶領巴克萊進入二十一世紀，他在一則新聞稿裡點出「為了感謝客戶的惠顧，送枝筆只是點小小的心意」。當然這話是說在二〇〇八年的金融危機前，那時候銀行送我們枝筆，我會就會感激涕零地相信他們，簽字擔下自己明明擔不了的房貸，毫無警覺地開始當起一輩子的屋奴。

對一部分人來說，筆竟然可以免費，這可太刺激了，他們一整個瘋掉了。巴克萊此舉試行不過五天，就被「幹」走了四千枝筆，而且這還只是布萊弗德（Bradford）一家分行的數據。《每日電訊》（*Telegraph*）引用巴克萊發言人的話說：「我們原本評估顧客頂多拿個一、兩枝走，了不起抓一把好了，結果竟有人一整盒夾在腋下給帶走了。這個計畫我們還是會續推，但在布萊弗德分行我們會把筆盒釘死在櫃台上，這點其他分行應該也會比照辦理。」雖然布萊弗德分行的狀況不是很理想，但巴克萊還是勇往直前地在二〇〇六年，把這個作法推廣到英國一千五百家分行，結果是第一年就耗掉了一千萬枝筆，一枝筆三（新）便士，所以全部的成本是三十萬英鎊。

西特納拿將筆綁在鏈子上這事兒來比喻銀行與顧客間關係的不平等，也許是對的，但金屬鏈除了代表了形而上的問題，還帶來了一些實務上的問題。專賣左手用品的「左撇子」（Anything Left Handed）網站曾經收到過大衛・道柏（David Dawber）寄來的一封電郵，內容是提到他到家附近郵局寄限時專送時遇到的不方便。「用來簽名的筆在櫃台的右手邊，而且固定的鏈子又短。因為要拐到我的慣用手實在太彆扭了，我只好拿自己的筆來簽。」道柏說。道柏說櫃台後面的女士對他的舉措有意見，這女士問他為什麼不用郵局提供的筆。道柏回答說他之所以不用的郵局的筆，是因為「這筆的方向對我來說是錯的，這種擺法對左撇子是一種歧視。」後來女專員的主管也跑出來湊一腳，把事情給弄得更糟糕了。道柏的話主管聽不進去，還指控道柏「在鬼扯」。「我沒有鬼扯，」道柏答道，「筆放在右手邊，對慣用左撇子的人來說很不方便，還有你們是這樣跟客人說話的嗎？」

回到家以後，道柏立刻寫了封電子郵件給英國皇家郵局（Royal Mail）投訴，一方面抱怨郵局人員的態度，一方面建議「筆的位置應該要考慮到左撇子的立場。」道柏算得上是位自由鬥士，下次他上銀行的時候應該要感謝一下吉姆．西特納替他在銀行這部分解決了這個問題。西特納覺得筆少了鏈子，銀行不會少了塊肉，甚至還大大方方地請客人把筆帶回家，但請人帶回家這話也有人說得比較含糊。

「飯店都會在房間裡放些紙備著，好讓旅客的商務跟社交需求可以得到滿足，」一九二一年莉莉安．艾胥那．華森（Lillian Eichler Watson）在其所著的《禮儀指南》（*Book of Etiquette*）書裡有過這樣的介紹，還說「飯店提供的文具絕對不能帶走。」華森女士說「帶走文具，跟帶走飯店裡的土耳其毛巾是一樣的意思，兩樣都是錯的。我們應該需要多少用多少，剩下的就留著，一介不取。」

但華森女士說得對嗎？華森女士認為帶走飯店的文具有違道德，跟她持同樣看法的還包括一九八六年《安．蘭德斯》（*Ask Ann Landers*）專欄的一位美國讀者。這位憂心忡忡的美國讀者投稿說她有一個姑且稱之為Q女士的朋友經常旅行，而且住的往往都是索價不斐的高級飯店。「Q女士很擅於寫信，我收過她很多封信，都是用飯店的文具寫的。如果是我，我會覺得這是偷竊，傳出去是很丟臉的事情。怎麼會有人這麼愚蠢呢？」這篇投稿來自德州的拉雷多（Laredo），署名是「需要解惑的人」，而安．蘭德斯女士的回答如下：

> 親愛的拉拉：飯店提供文具是希望客人用完順便帶走，這對他們來說是很好的廣告；除

非你拿的是浴巾、腳墊、浴簾、照片、枕頭、床單、咖啡壺，甚至是電視，飯店才會跳腳。

有個旅遊網站做了一項調查，結果顯示在九百二十八名受訪者當中，有百分之六的人承認拿過飯店的文具（相對於僅百分之二的人承認拿了早餐吧的迷你果醬）。這算偷嗎？做這項調查的 HolidayExtras.com 執行長馬修・帕克（Matthew Pack）並不這麼認為，他說「飯店本來就會把大部分的文具成本給算進去，而且我們把他們的品牌隨著這些小禮物給帶回家，也算是幫他們一個忙。能靠著文具把品牌的訊息傳遞出去，其實並不是非常容易——飯店算是運氣好，才能遇到像 Q 女士這樣的客人會用飯店的信紙寫信給朋友，相對於大多數的信紙會被塞到抽屜深處，要麼從此不見天日，要麼在買菜前被拿去列清單，或是電話中拿去記東西。

不過也有些時候，飯店的文具會順利觸及到比較廣大的群眾。從一九八七年起到他辭世，德國藝術家馬丁・奇賁柏格（Martin Kippenberger）利用十年的時間，以他周遊列國收集到的飯店文具當成「畫布」，在上面創作了一系列的繪畫，也就是世人所知的「飯店畫作」（hotel drawings）。飯店畫作作為一個統稱，其實個別的作品之間並沒有明確而共通的主題或風格，使用飯店的文具創作是這些作品唯一的共同點。洛德・孟漢（Rod Mengham）在薩奇藝廊（Saatchi Gallery）線上刊物的一篇文章裡評論說：「奇賁柏格此一多變的作品集，可說是把自身的基礎，頗為矛盾地打在了一個稍縱即逝的血統概念上，」還說道：「他的『行李箱』美學，其濫觴很明顯是對『家』的普遍理解存在一種有如磁鐵般的異性相斥；他反轉了常見的『極性』，因此看起來就只是一直在『路過』而已。」

最近的一場拍賣會上，一幅以彩色鉛筆繪於印有華盛頓飯店（Hotel Washington）標誌的「飯店畫作」（作者自畫像：手緊握於背後，像被責罵的學童一般站在角落），賣到了二十一萬七千兩百五十英鎊的高價。

但如果飯店真的希望藉我們之手把文具帶回家，幫他們打廣告，這樣做的效果又有多好呢？嗯，效果其實還真的不差。國際促銷禮品協會（PPAI）的研究顯示，促銷禮品在好幾個方面上都優於行銷手法，包括「拿到的人容易想到文具，順便把廣告主的名字給記住」、「文具放得久，所以廣告主的名稱會反覆出現在消費者的眼前」、「為廣告主的形象加分，進而強化持有者與廣告主交易的傾向與意願」等等。大英促銷商品協會（BPMA）也發表過類似的研究結論，他們的調查顯示有百分之五十六的受訪者表示會因為拿到促銷的禮品，而對送禮的品牌或企業印象變好。BPMA董事長史蒂芬．巴克（Stephen Barker）表示這項研究說明了「促銷商品屬於極具效益的促銷型式，投資報酬率跟其他廣告媒介比起來只會好，不會差。」

當然，PPAI跟BPMA的立場很難客觀，說到促銷的禮品，這兩個組織多少會老王賣瓜，所以我們對他們的調查結果也不需要太大驚小怪。不過，就算這兩個協會代表了促銷禮品廠商的利益，因而不是特別中立，他們也沒有必要獨鍾某一類促銷禮品。但即便如此，BPMA仍在前述的研究中點名文具是最有效的促銷禮品，沒有之一。BPMA的研究發現有四成的受訪者在十二個月內曾拿過促銷的原子筆或鉛筆，其中七成的筆都還留著，至於其他的辦公室文具像計算機、訂書機、便條本、尺、削鉛筆機等的「存活率」還要更高。這份研究裡有百分之十三的人曾收過這些辦公室文具，當中有七成七的人都還留著這些贈品。話說到底文具是實用的東西，人會留下實用的東西——

誰把橡皮擦
戴在鉛筆的頭上？

七成的人表示他們之所以會把贈品留著，是因為他們盤算著自己用得著。而人每用一次贈品，品牌就打成一次廣告。這些數據如果正確，那馬修．帕克就是對的，我們把文具帶走確實是幫了飯店的忙。但還是有些狀況下，自顧自地把文具帶走就是越線，就是偷竊。

下班的時候，順手從公司的文具櫃裡拿一兩本 Post-it 便利貼或幾本「黑與紅」（Black n' Red）筆記本放到自己的包包裡，雖然感覺好像還滿ＯＫ的，但說這不叫偷就有點牽強了。一項調查顯示，有三分之二的人承認偷過公司的文具，也有些人感到良心不安，但覺得這沒什麼大不了的人也有百分之二十七。我在大學裡讀建築的時候，有位講師（名字就不提了）曾經大大方方地懷念起自己在諾曼．佛斯特（Norman Foster）上班的時候，事務所裡的文具櫃有多完備。這位講師從老東家拿走的紅環（Rotring）筆跟自動鉛筆之多，他到自立門戶時都還在用，而當時他離開佛斯特事務所已經有十年了。

不論怎麼說，偷就是偷，被抓到就是要面對後果。二〇一〇年，英國格羅斯特郡（Gloucester）就出了一位麗莎．史密斯（Lisa Smith），扎扎實實嚐到了偷竊的苦果。史密斯小姐在切爾騰漢（Cheltenham）偷了德蘭西醫院的文具被逮，結果遭判兩百個小時社區服務。她不告而取的文具包括十五盒粉筆、八個印表機墨水匣、一盒電池、棒棒糖跟玩具（她後來曾想要把一些玩具拿到 eBay 上網拍）。雖然從法律的觀點看來，史密斯的行為跟從辦公室裡拿走些立可白或標準信封沒什麼差別，但這件事的觀感就是差。小孩的玩具不要拿，印表機的墨水匣不要拿，尤其不要從英國的健保（NHS）特約醫院裡拿，親愛的麗莎妳錯了，妳過分了。

阿戈斯筆之謎我依舊沒有解開，我投的眾多履歷表也石沉大海（我應徵了三十幾個職位，一次面試都沒得到）。但就在我正要放棄之前的某天，我發現阿戈斯的客服團隊開了個推特帳號（@ArgosHelpers）。我推文過去問他們店裡每年用多少枝筆，他們回答我「很多」，還說「本公司正逐漸改用電子面板簽注。」（在這樣的轉變之前，阿戈斯似乎也已經在某些店頭嘗試以鉛筆取代原子筆）。「很多」實在太模糊了，我請阿戈斯說清楚點。「剛剛清點過，我們去年訂了一千三百萬枝原子筆。」這跟 IKEA 提供的供應量數字差不多，我也終於可以放下這件事了。

第七章

你在這就好了：各式各樣怪怪文具存在的理由

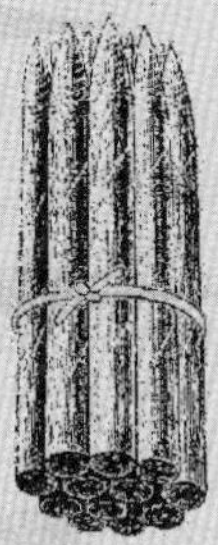

人活著不能都是工作、工作、工作。

雖然總是跟辦公或求學聯想在一起，但文具跟人一樣也應該偶爾放個假。所以當我們去海邊或出國玩，常常可以在禮品店裡看到很多新奇的文具。不論是一頭點綴著鬚鬚，上面印著國旗圖案的特大號鉛筆（你常會發現鬚鬚另一頭是盒迷你彩色鉛筆，讓一頭霧水的觀光客因為大小鉛筆尺寸的落差而感到迷幻與震撼），還是當地地標造型的削鉛筆機，你會發現廠商絕不會放過任何機會把文具包裹上一層膚淺的文化，然後要你花大錢買它。但當然，不論你到任何一個國家觀光，你在機場禮品店裡看到的紀念鉛筆八九不離十都是產自於某個遙遠國度裡，同一堆不知名的血汗工廠。

文具禮品的吸引力不難理解。遊客一定會想買紀念品，好讓他們回家之後可以好好緬懷一下旅遊的興致。但同時我們也不太想買沒用的東西，比方說像廉價的塑膠公仔或裝飾用的碗盤。你不會想為了買而買，這時候筆就是最佳解方了。筆在家可以用，在公司可以用，而且你每用一次，就可以回味一次美好的遊興。

事實上，當你人還在外面玩耍，筆就可以善加利用了，主要是你可以拿起筆寫明信片給親朋好友。小時候我都會趁跟家人出遊的時候寫明信片給自己，這是一種設定時間啟動的自虐行為——我知道自己要回到家才會收到這張明信片，到時候假期早結束了。這張明信片就像個自己寄給自己的時間膠囊，只不過寄明信片的那個自己沾沾自喜，活像個討厭鬼。「我人在游泳池邊，」我會這麼寫，「寫好明信片我大概會再去游一趟吧。英國的電視好看嗎？天氣怎麼樣？」一回到家的我讀到這些酸言酸語，便會安慰自己，告訴自己那個討厭鬼還不知道自己要倒楣了，比方說他會把太陽眼鏡忘在飯店房間裡，或是他回國時會坐到延誤的班機。

不過，會寄明信片給自己的可不止我一人，事實上寄明信片給自己的作法，跟有圖案的明信片是一起出現的。史上第一張寄出的明信片，收信人是倫敦富勒姆（Fulham）的希奧多·滸克先生（Theodore Hook Esq.），寄信人也是倫敦富勒姆的希奧多·滸克先生。卡片上手繪了譏諷英國郵務的圖畫，而一般認為滸克先生是把這明信片當成笑話寄給自己（當年沒有網路，大夥兒得想辦法自得其樂）。另外值得一提的是，滸克這張是現存唯一一張用超罕見黑便士（Penny Black）郵票寄出的明信片。二○○二年，這張極具歷史意義的明信片以破紀錄的三萬一千七百五十英鎊拍賣出，買主是明信片收藏家尤金·哥姆柏格（Eugene Gomberg）。我很懷疑小時候自己寄給自己的明信片可以賣到這等高價，頂多就一萬五千英鎊吧，嗯差不多。

滸克在明信片上手繪了圖畫，但隨著寄明信片在十九世紀末開始普及，卡片上開始印起了照片，相片明信片的時代正式來臨。早期的明信片先是裝點有蝕刻與描線的圖畫，之後慢慢被印上去的畫或上色的照片所取代（在彩色攝影問世之前，黑白照片得先用手工上色，才能拿去印在明信片上）——有個一心想要吃這行飯的年輕人叫阿道夫·希特勒（Adolf Hitler），闖不出名堂後只好去發展別的興趣。手工上色的照片後來終於被彩色攝影所取代，但那要等到二次大戰結束之後了。

鐵路運輸的進步，加上費率降低，愈來愈多人負擔得起海濱一日遊，這時候相片明信片就堪稱紀念品的首選：一面是名勝或地標的照片，象徵著你到此一遊；另一面可以寫上短短的訊息給你的親朋好友。一張卡片便能兼顧到目眩神怡的美麗風景跟描述你愉悅心情的親筆話語。真要說起來，我覺得明信片的樂趣與其說在於收，不如說在於寄。

要讓收的人也能多點樂趣，那就是要選擇辛辣一點，有故事一點的正面照片。二十世紀前葉，公認的「辛辣明信片之王」是唐諾．麥基爾（Donald McGill）。一九四一年有篇文章講的就是麥基爾的明信片，執筆評論的是喬治．歐威爾（George Orwell）：

> 廉價文具店櫥窗裡的「漫畫」，賣人一、兩分錢的彩色明信片裡是看不盡的胖女人身著緊身泳衣，外加粗糙的畫工與俗不可耐的色調，要麼是麻雀蛋殼的顏色，要麼就是郵局的紅色。

這些明信片會有好幾十年的時間跟英國的海邊糾纏不清。

麥基爾本身是家文具店的少東，一八七五年生於倫敦一個中產階級家庭。就學期間麥基爾熱中於運動，但一場橄欖球賽裡的意外讓年僅十七歲的他左腳被截除。所幸被迫離開球場的麥基爾還有別的才華，他天生就懂得畫畫。麥基爾後來報名了約翰．海索（John Hassall）的函授課程來研習卡通，而約翰．海索則會因為替大北鐵路公司繪製以「快意漁夫」（Jolly Fisherman）為主角的「斯凱格內斯真帶勁」（Skegness is SO bracing）海報而聞名。學校畢業後麥基爾在一家船舶工程公司當了三年的繪圖員，然後加入了「泰晤士鐵工廠、造船與工程公司」。

業餘的麥基爾熱中於繪畫，有次他拿比較認真的作品開了場小型畫展，結果吸引到生意人喬瑟夫・艾胥（Joseph Ascher）的注意。艾胥取得麥基爾的授權，把他的一些畫作當成明信片來賣，可惜銷路不佳，艾胥只好把庫存便宜出清。不過後來艾胥改賣麥基爾一些「隨便畫畫」的東西（也就是他後來聞名的毒舌作品），風格倒是跟市場脾胃一拍即合。麥基爾這些漫畫的靈感來自於音樂廳，原來他岳父在艾德蒙頓是家表演廳的老闆。不久麥基爾開始每週替艾胥畫六幅漫畫，之後更辭掉了的泰晤士鐵工廠、造船與工程公司的正職，變身成為自由漫畫家。但即便如此，即便他的畫風愈來愈受歡迎，麥基爾每幅漫畫還是都拿一樣的錢。有幅（以麥基爾的標準來說）相對溫和的作品上有位年輕的女孩趴在床沿祈禱，同時間一隻小狗用嘴拽著她的睡袍，邊邊印著的旁白是「主啊，不好意思，等我一分鐘，我要教訓一下狗狗」。這幅圖的明信片賣了數百萬張，但麥基爾還是只領到少少的六先令而已。

在對麥基爾的評論當中，歐威爾形容他是「精明的繪圖員，如貨真價實的諷刺漫畫家般善於描寫人臉」，但也說麥基爾作品的真正價值，在於這些畫是他所代表畫風的「完美典型」。歐威爾談到麥基爾作品的特色包括「令人難以招架的粗鄙」、「無所不在的猥褻」、「可怕至極的色調」，乃至於「絕對低下的精神氛圍」，甚至說麥威爾有一成的作品要比英國現有所有的印刷品都還要更「不堪入目」，並且在「廉價文具店的櫥窗裡挑戰法律的底線」。雖然對麥基爾的廣大擁戴者來說，這些明信片的尖酸正是其魅力所在，但麥基爾終其繪畫生涯都一直處於被起訴的威脅之中。

事實上，各地政府的審查委員會採取了一系列的行動，最後匯集成一九五四年倫敦王權法院

（London Crown Court）的審判。麥基爾被控因出版了一系列明信片（包括有張明信片裡畫了賽馬場中一個女人到組頭那兒說：「我賭最被看好的那匹馬，謝謝。我親愛的老公出一英鎊要我下牠，然後要跟牠一起上我。」[1]），而違反了一八五七年的「猥褻出版品法案」。麥基爾被判罰五十英鎊（外加二十五英鎊的訴訟費用）。這紙法院判決讓明信片業者突然意會到法律上的風險，幾家小型的明信片廠商因而乖巧起來，圖案的設計上變得保守（他們良心發現的下場就是關門大吉，畢竟乖乖牌的產品銷量遠不如腥羶色，這也凸顯了廠商之前的作法只是在迎合中下階層鄙人的需求，而不是商人汙染了民眾純潔的心靈）。一九五七年，「猥褻出版品法案」獲得修正，麥基爾公司順勢提出了新的證據給下議院專責委員會要為自己平反。新版法案固然寬鬆得多，《查泰萊夫人的情人》（*Lady Chatterley's Lover*）因此得以於一九六〇年出版，但辛辣明信片的時代畢竟是過去了。「我並不覺得驕傲，」麥基爾在晚年承認，「我一直都想做點更有意義、更高尚的事情。內心深處的我是個很認真的人。」

麥基爾固然用低俗的插圖稱霸了英國的明信片市場，但這並不代表更早的相片明信片傳統已經銷聲匿跡。有位來自愛爾蘭的英國人出了份力，確立了許多年來相片明信片的樣貌。約翰·歆德（John Hinde）一九一六年生於薩默塞特（Somerset）一個貴格教派家庭。兒時的一場病讓他部分身障，再加上家裡宗教信仰的影響，使得他沒有入伍服役，而在民防部隊中發展起他對攝影的興趣。一九四〇年代，歆德成了英國彩色攝影界的領導人物，他的作品開始出現在一系列以英式生活為主題的書籍當中——《照片裡的英國》（*Britain in Pictures*）、《戰時與戰後的國民》（*Citizens in War and After*）、《埃克斯穆爾村》（*Exmoor Village*）與《英國馬戲團紀實》（*British Circus Life*）。

這最後一本書幾乎讓歆德放棄了攝影生涯。在做完《英國馬戲團紀實》之後，歆德開始推廣起馬戲團，還邂逅了一位女性空中飛人嘉塔，也就是後來的歆德太太。甚至於歆德還成立了自己的馬戲團，一邊巡迴演出，一邊取景英國的鄉村景緻。一九五六年，歆德開了一家明信片公司。靠著鮮豔繽紛愛爾蘭鄉村照片裡典型的「洗白茅屋、紅髮少女與背著泥炭（turf）的快樂驢子」，他很快打開了銷路。歆德很仔細地拍出了完美無瑕的風景照片，還為了構圖在車子的行李廂裡放了一把鋸子，好方便自己切下杜鵑花叢，然後用這些灌木叢把他覺得有礙觀瞻的東西給擋住，以免他的構圖遭到破壞。

回到英格蘭以後，歆德開始替巴特林斯（Butlins）海濱渡假村拍攝明信片。因著這些度假勝地的照片，歆德出名了。這些「高度飽和，色彩繽紛的影像」由馬丁．帕爾（Martin Parr）收錄在他的《我們用心全為了你們開心》（Our True Intent Is All For Your Delight）一書中；按照馬丁的說法，這些照片是「英國極具代表性的六〇與七〇年代照片」。尚．歐哈根（Sean O'Hagan）在《觀察家報》（*The Observer*）裡評論說「照片裡的一切都很誇張，但又出奇地日常」，並且把這些影像與大衛．林區的電影或彼得．林博（Peter Lindberg）的攝影作品相提並論。超寫實的色調與世外桃源般的度假地景，配合上「廣闊的藍色海水、高掛著的塑膠植物與人造海鷗、孩童在充氣的游泳圈裡起起伏伏，旁邊盯著他們的救

1 原文是「I want to back the favorite, please. My sweetheart gave me a pound to do it both ways!」

生員酷到在室內也戴著太陽眼鏡」，就算放到今天來看仍非常吸睛。

剛剛說到歆德會不嫌麻煩地確保照片裡的愛爾蘭風景完美無瑕（如果自然美不夠美，他就會人為調整到自己滿意為止），事實上他替巴特林斯拍照的時候也是一樣，也會鉅細靡遺地讓大大小小的每項元素統統就定位，甚至連來度假的遊客都不能置身事外。在帕爾（Parr）的書中，歆德的助理艾德蒙·拿格爾（Edmund Nagale）談到為了讓照片的取景臻於完美，這當中牽涉到的交涉過程有多麼需要小心翼翼：

> 我同時學會了基本的外交手腕——大家都知道廣角鏡頭的放大效果，所以前排女士若有過重的就得先請離開。但我會說「這位女士，待會兒入鏡時妳如果想更上相，可能要請您移駕到這裡一點……再一點……再一點……再一點點……OK，謝謝。」

對帕爾來說，歆德鏡頭下的巴特林斯「集好照片的條件於一身。這些畫面有娛樂性，有精準的觀察力，有龐大的社會史價值。」帕爾還觀察到這些這片「最特別的地方是這麼用心拍出來的東西並不是要宣揚什麼偉大的理想或高尚的藝術，而只不過是想做成明信片，用幾便士的訂價賣給來度假的遊客。」動機極其商業，本質也不舉足輕重，這些明信片一點也沒想著明天，這些短視的印刷品只想著當下，只想要取悅——我們用心只為了你們開心。即便到了今天，雖然有了推特跟臉書，雖然我們在沙灘上也可以上傳照片，但明信片仍舊是禮品店的固定班底。也許明信片已經轉型成個人的旅遊紀念品，我們買來沒有要寄，我們想的是當書籤插在扉頁裡，當照片釘在軟木塞板上，或是用磁鐵吸在冰箱上。現代人買明信片是為了存檔，不是為了宣揚。

就像唐諾．麥基爾的準限制級明信片並沒有鎖定特定的海濱城鎮，我們現在也可以看到一些很奇特的，一種亂槍打鳥式的戲謔明信片。這類明信片會展現男女寬衣到不同的階段。像有這麼一張是有三名裸男坐在海灘上，鏡頭對準他們身後，搭配的挑逗性文字寫著「S開頭的字有太陽、海洋與……（性）」，或者另外一張是做著日光浴的兩位上空女郎，搭配的文字是「你在這就好了」。這些產品應該是想學麥基爾的創意，但很可惜沒有抓到前輩那種意在言外的精髓，太過直白就不好玩了。

好玩的是，這類東施效顰的明信片愈是糟，就愈是怎麼趕都趕不走。像有這麼一張「拙作」是一名女性右邊乳房的特寫，只不過這顆乳房化了妝，加了一些裝飾之後的外觀看起來像某種老鼠之類的動物，橫批是「來自倫敦的胸部」（All the breast from London）[2]。這沒梗的文字不僅沒有感謝一下被畫成老鼠臉的胸部（其實也不知道是不是老鼠，誰看得出來那是老鼠，另外一個狐狸的版本也是這樣說的），而且還把倫敦的名聲給拖下了水，好像倫敦就是這種水準一樣。倫敦並不是這樣，好嗎？這餿主意是誰設計的？這些人在想什麼？他們是想要賣肉嗎？這一點都不性感啊，應該不會有人看了這

2　取「All the best from London」（來自倫敦的祝福）的諧音。

照片興奮吧？這卡片幕後的業者是赫特福德郡帕特斯巴市（Potters Bar, Hertfordshire）一家公司叫卡度拉瑪（Kardorama），可惜當我打電話過去問的時候，他們的發言人不是很配合（很抱歉您詢問的卡片是我在敝公司服務前的產品，所以我沒辦法回答您任何問題）。

把性拿來消費的不是只有卡片。「反握即脫筆」（Tip ‘n’ Strip pen）證明了就是像原子筆這麼純粹而無辜的東西，都敵不過男人的劣根性。這枝筆筆尖朝下，筆身上看到的是一位穿得很清涼的妙齡女子（也有少數男版），但筆尖朝上拿，原本穿得就少的女子就會變得一斯不掛。《辛普森家庭》有一集裡是在「QK便利商店」（Kwik-E-Mart）裡，印度裔的店長阿普就拿了一隻這樣的筆給荷馬，這樣荷馬等「草莓墨西哥卷」在微波爐裡變熱的四十五秒鐘才不會無聊。結果荷馬轉頭對阿普說：「你知道這種筆是誰的菜嗎？答案是所有男人。」不論反握即脫筆的評價如何，它其實就是一種一九五〇年代由丹麥艾斯克森（Eskesen）公司開發出來的「漂浮動作筆」（Floating Action Pen），俗稱「浮動筆」（floaty pen）。一九四六年，比德．艾斯克森（Peder Eskesen）在自家地下室成立了這家公司，但事隔好幾年，他才研發出這枝極具代表性的產品。

一般來說，浮動筆有一個背景（經常是河畔的風景或者街景），然後裡頭會有一樣會移動的東西（通常是車、船或飛機）在背景前面跑來跑去，最後再注滿礦物油，就夠成了棲身在筆上的小小櫥窗供我們欣賞。當年有好幾家業者在研發這種產品，但最後是由艾斯克森找到了辦法把筆身密封起來，讓礦物油不會滲漏。一九五〇年代，埃索石油（Esso）給了艾斯克森下了第一張訂單，當時是埃索想要推廣自家的「埃索超級車用機油」，結果做出來的筆身浮動設計是一個油桶在清澈的礦物油裡滑動，這可以說是完美的「合則兩利」，浮動筆跟礦物油互蒙其「力」的一種「synergy」（綜效）——很抱歉，想到埃索是家能源公司，我就忍不住想用這個字。這枝筆讓艾斯克森打響了名號，其他的企業客戶紛紛找他們合作。禮品與紀念品公司也嗅到了這當中的商機，沒多久全世界的觀光景點都開始看得到浮動筆的身影。一度全世界九成以上的浮動筆都出自艾斯克森這家丹麥公司之手。

你看遍禮品店上的架子，最能讓人在腦海中重遊舊地的文具非浮動筆莫屬，你可以看著筆回想塞納河上的一葉扁舟，躍出海面的鯨豚，乃至於越過山脊的飛機。只要想像力夠豐富，人就可以彷彿身歷其境。有次在紐約，我就買了一枝浮動筆，裡面有一隻塑膠小黑猩猩沿著摩天樓的邊緣慢慢地爬，忠實地重現了當年金剛是如何征服了帝國大廈（咦？）。

早期浮動筆裡的布景是艾斯克森內部的美術人員畫上去的，但人眼從筆側注油的這個櫥窗看進去，這個背景會稍微遭到扭曲。為了抵銷這樣的扭曲，布景在畫的時候就要把每樣東西都拉長，這相當於是古希臘建築師擅用的「卷殺」（entasis）[3]原理，也就是透過特定比率做出微凸的梁柱，但不知情的人看起來以為是直的。畫好的浮動筆背景會送去翻拍，等比例縮小，然後印製到賽璐璐的膠片上，艾斯克森把這套流程稱為「翻拍取景」（photoramic process）。透過這過程取得的一張張小底片會在筆身裡頭組裝，然後注油密封。自二〇〇六年起，翻拍取景法被數位攝影取代，這個

3 又稱「收分曲線」，建築學術語，主要是出於美感或其他考量而針對柱子等建築構件由下而上按特定比例收窄。

轉變讓死忠的艾斯克森迷捏了把冷汗，他們擔心影像的畫質會被犧牲掉。

反握即脫筆跟一般浮動筆的差異在於前者不使用繪圖作為素材，而是直接拿照片來處理。利用光罩輪流遮住不同部位，廠商便可以選擇要讓影像的哪些部分露出。跟被畫成老鼠臉的胸部明信片一樣，反握即脫筆的模特兒照片也用了許多年，精確一點說是一九七〇年代的元老模特兒一直服役到一九九〇年中期才有新人頂上。艾斯克森到今年為止還在販售反握即脫筆，而且還在最近讓一批新的模特兒「出道」，這一系列的新血包括「莎拉」（Sarah）、「瑞秋」（Rachel）、「克勞蒂亞」（Claudia）、「珍妮佛」（Jennifer）、「丹尼爾」（Daniel）、「賈斯汀」（Justin）、「麥可」（Michael）跟「尼可拉斯」（Nicholas），其影像的解析度之高，我想就是算最基本教義派的、最反對艾斯克森改採數位攝影的消費者，也沒辦法不露出滿意的笑容。別管公司的資訊部會來檢查你電腦的瀏覽紀錄了，這玩意才是貨真價實的「辦公室不宜」（NSFW）[4]。

浮動筆是一種視覺上的享受，但對喜歡繞著地球跑的文具迷來說，浮動筆絕非他們的專寵。像我就在紐約收了一批「圖畫筆」（pictorial pen）跟「雕塑筆」（sculptureal pen），然後帶回家跟在倫敦鋪貨的同類比較。

圖畫筆算是最具代表性的陽春型紀念筆，說穿了就是筆上印了一張圖畫。有趣的是在紐約跟倫敦，你會買到外型一模一樣的圖畫筆（上面都印著韓國製造），唯一不同的是筆上面的圖畫。其實也不只倫敦跟紐約，全世界的圖畫筆都有著一樣的硬體（筆管），只有上面的軟體（圖畫）可以讓不同的城市展現他們心目中的自己。在紀念品這件事情上，紐約可以說展現了十足的自信——

紐約顯然知道自己的象徵意義與地位，也毫不保留地宣揚這一點，於是乎他們會在原子筆上印著小黃（計程車），印著一元美鈔，或是印著自由女神像。相對之下，倫敦的紀念筆就千方百計地想要抓住歷史的尾巴，好合理化自己的存在，也不管歷史跟城市存在的正當性有沒有關係。我在倫敦布盧姆茨伯里（Bloomsbury）區買過一枝筆，在筆蓋上主打「歷史悠久的倫敦」，但在聖保羅大教堂、國會大廈跟倫敦塔橋的照片旁邊，大剌剌地就是「倫敦眼」（the London Eye）[5]跟「小黃瓜」（the Gherkin）[6]，其中倫敦眼和小黃瓜可是比它們對應的紀念筆老不了多少。要說倫敦有一點完勝紐約，那自然就是倫敦有皇室，紐約沒有。但即便是在皇室這個違和感十足的概念下，倫敦的紀念品店還是「寧老誤新」，死命追著懷舊風不放——紀念筆上曝光率最高的皇室成員始終是英國的王母太后[7]跟已故的黛安娜王妃。

雕塑筆顧名思義，就是筆的上方要有當地地標或人物的塑膠雕像。理想的狀態下，選定的地標最好是長條型，這樣才能延續筆身的線條，所以說塔或站立的人像就再理想不過了，海灘或湖

4 Not Safe For Work。

5 英國為慶祝千禧年的到來而於一九九九年建造的摩天倫，原為臨時性建物，後因廣受喜愛而獲得保留。

6 真身為位於英國倫敦聖瑪莉艾克斯 30 號（30 St Mary Axe）的瑞士再保險公司大樓（The Swiss Re Building），因其造型而有「小黃瓜」（the Gherkin）之暱稱。

7 現任英國女王伊莉莎白二世（Elizabeth II）的母親，二〇〇二年辭世，正式頭銜為伊莉莎白王后（Queen Elizabeth），二戰期間為英國抗戰的重要精神指標，廣受英國民眾愛戴。

泊就是典型的遺珠。自由女神像自然是紐約最完美的雕塑筆主角，完美到讓人不禁要懷疑自由女神像該不會就是設計來做成禮物筆的吧？（這當然是開玩笑，因為美國收到法國民眾的這份大禮是一八八六年，塑膠射出成形的技術那時還不存在）。而且說起來，自由女神作為雕塑筆的主題還是有個瑕疵，那就是她手拿著的火炬。女神高舉火炬的右手一旦用便宜的塑膠做出來，強度就會非常不足。我那趟去紐約買了兩枝自由女神的雕塑筆，一枝火炬的火焰斷掉，一枝女神的手斷掉。

像自由女神這麼適合放在雕塑筆上的地標，倫敦還真找不著。當然我們有大笨鐘，但少了國會大廈的大笨鐘看起來不大對勁；「納爾遜紀念柱」（Nelson's Column）[8]或「碎片」[9]（the Shard）都不夠分量；倫敦眼太圓，塔橋太寬，莎夫孜伯里大街（Shaftesbury Avenue）上的安格斯牛排館（Angus Steakhouse）顯然沒有重要到可以為它出一枝筆。出於無奈，倫敦只好極其腳踏實地，找些庶民的主題來做雕塑筆，比方說像都會警隊的員警頭盔跟傳統的紅色電話亭，其中紅色的電話亭只在倫敦特定區域加以保留來充當觀光客拍照的背景，至於其基礎建設的實用功能早已蕩然無存。作為一個國家，我們只能搬出電話亭跟尖尖的警帽來設計紀念筆，實在是滿可悲的。

不過，人不是只有度假時才會想到新奇的文具。有的人會把腦筋動到創新的文具上，是因為覺得自己的辦公桌太乏味了，或是公司聖誕節禮物送到不知道要送什麼給員工了，這時候若有廠商願意勇敢地做出這些完全沒必要的誇張文具，真的會讓人覺得莫名地感激——Suck UK 就是這樣一家公司。一九九九年，山姆．赫特（Sam Hurt）跟裘德．畢道福（Jude Biddulph）在北倫敦一間公寓裡創辦 Suck UK 的時候，他們工作的空間是在廚房的地板上，但如今他們家的產品已經賣到全球三十幾個國家。專門把禮品或日用品拿來搞笑的Suck UK旗下以也有一系列的文具產品（「我們鍾愛文具，並切讓文具變得有趣」，Suck UK如是說，但這難道代表他們認為文具本身並不夠有趣嗎？），裡頭包括「麥克木乃伊」（Mummy Mike；矽膠材質的橡皮筋收納器，造型就像埃及的木乃伊，只不過原本的繃帶變成了橡皮筋）、「死了的弗列德」（Dead Fred；筆架，插上去剛好讓弗列德一「筆」穿心）、做成像皮尺一樣的膠帶座、像鼓棒的鉛筆、像老式三．五吋軟碟片的便利貼、像超大比克水晶原子筆筆蓋的桌上型塑膠收納盒。像什麼東西的另外一種東西，這梗真的是百玩不膩。

「像什麼東西的另外一種東西」原本就很讓人暈頭轉向了，如果是「像某種文具的另外一種文具」，那就真的會讓人瘋掉。從我姊收藏的假鉛筆真橡皮，到Suck UK的假巨大削鉛筆機真美麗桌上收納盒（我正看著桌上的它打字），都屬於這個奇妙的分類當中。我的收藏中最妙的一個，是長得像「百特口紅膠」（Pritt Stick）的削鉛筆機了。這玩意兒在外型上算是相當忠實地仿造了一九八〇年代晚期的百特口紅膠，但底部藏著的是削鉛筆機。我這寶貝跟假巨大削鉛筆機真美麗收納盒或假鉛筆真橡皮的不同處是它不論就尺寸或質感而言都沒有破綻，它看起來就像個真正的百特口紅膠。

---

8 位於倫敦市中心特拉法加廣場（Trafalgar Square），高五十一點五九公尺，頂端是英國海軍名將赫瑞修．納爾遜（Horatio Nelson）的肖像。納爾遜上將一八〇五年戰死於特拉法加海戰。

9 位於英國倫敦的南華克區（Southwark），為倫敦橋區開發案的一環，建成於二〇一三年二月的摩天商辦，最高點有三百零九公尺，可用樓層為七十二層，是歐盟最高建物與歐洲第二高摩天樓。

不過慢慢地我開始覺得這個玩笑不好笑，是在我第五次不小心把削鉛筆屑倒在原本想要塗上膠，黏到剪貼簿上的照片背後時。

這麼多怪怪的文具能夠有存在的正當性，是因為它們還是多少有實用性。度假時買下這些超閃筆跟大到不像話的橡皮擦時，我們自欺欺人的說法是回家會用。就是因為覺得可以用，我們才會在禮品店裡覺得買這些怪怪文具給兒子女兒，總還是比買普通玩具給他們好些。「當然，禮品文具有特殊待遇是因為它們是『富創意』的玩具，」強納生・畢金斯（Jonathan Biggins）在《超遜爸媽的七百種習慣》（*700 Habits of Highly Ineffective Parents*）裡酸得很。「是啦，確實，鉛筆跟紙可以是創意的工具——如果你真的有拿去用。但光囤積只會讓人覺得很無力，不會有什麼創意。」

第八章

開學大事：打開你的鉛筆盒

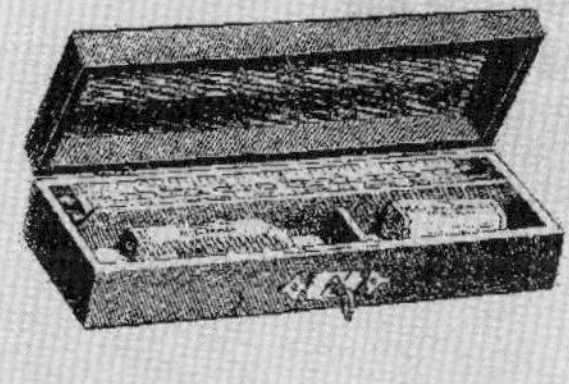

才剛放暑假，事情就開始了；商店的櫥窗裡看得到，報紙上看得到，電視廣告上更看得到：「返校特賣」、「替九月開學做好準備」。這些廣告號召著我們：為了新學年選購新文具。當年還是孩子的我（雖然很愛文具）總覺得這些廣告標語很礙眼。滿心期待可以有六個星期跟學校說掰掰，滿腦子是假期背後無限的可能性與潛力，我實在不想聽到這些煞風景的烏鴉嘴提醒我暑假稍縱即逝。但真正進入暑假幾天、幾星期之後，閒散的日子開始愈過愈慢，我又會開始覺得有點無聊，會開始期待生活回到開學後的正軌。這種想法一出現，替九月備貨的時機就不遠了。

對多數鬧區的商家而言，十二月是關鍵月份：這一個月就可以決定一整年是賺是賠。一年到頭書、CD、DVD的業績總是起起伏伏，少數的亮點只有母親節、父親節跟其他「送禮的節日」（送禮的節日少少五個字，已經十分足以抹煞親情，讓無私的付出變質成銅臭味十足的商業噱頭），直到最後十二月的大高潮。前十一個月都不旺也沒關係，最後一個月好就可以讓業績翻紅。但是文具店不是一般的商家。對文具店來說，聖誕節不在十二月，而在九月，包括月初先是中小學生要返校開學，到月底有大學生也要重回校園。暑假才開始，業者就開始行銷文具。其實早在前一年的新生都還沒來得及削鉛筆時，廠商就開過會，所有的行銷活動也早就策劃好。

我當學生的時候，所有的事情都可以排第二，只有鉛筆盒是一等一的大事，正所謂人如其（鉛筆）盒。在樣樣都規定好的教室裡，用服裝來表現自我可說窒礙難行（男生最多可以打不同長度的領帶，女生頂了天把裙子弄短一點，但也就只能這樣了），基本上人的個性想要不窒息，那就不能放過任何一點空間喘氣。你是某支足球隊的球迷嗎？買他們的鉛筆盒；你喜歡某個樂團或卡通人物？買他們的鉛筆盒；授權產品是一門大買賣，而文具又是當中的明星。不過，至於是什麼品牌適合拿來授權，就見仁見智了。

學生時代有一年，我記得自己擁有過一個圓柱形鉛筆盒，外型設計像百事可樂（一九九一到一九九八年間的白色罐裝設計），另外一年我用的鉛筆盒平一點、長一點，外型做得像沃克斯洋芋片（Walkers crisp）的包裝盒——上面畫的口味是鹹味），但現實中我比較喜歡的口味是鹽醋味。現在上網去看，這類的設計好像已經不容易看到了，我估計是因為現在的人對賣含糖與脂肪量太高的零食給未成年人比較敏感。所以說回過頭來看，當時的小孩（或者應該說他們的爸媽）會付錢買鉛筆盒來替碳酸飲料跟垃圾食物打廣告，讓更多的孩子吃下這些沒營養的東西，還真是有幾分奇怪。這麼一想，這類被置入的鉛筆盒就此「失傳」，或許是件好事情。幹得好。

不過話說回來，上網隨便搜尋一下關鍵字「花花公子鉛筆盒」（playboy pencil case），你就會很沮喪地發現光在某英國文具業者的網購平台上，就有三種不同的花花公子鉛筆盒可以選擇。這家英國業者不是別人，正是連鎖集團W．H．史密斯（WHSmith，簡稱史密斯書店）。二〇〇五年，史密斯書店極具爭議性地開始販售花花公子系列的文具，他們的說法是「我們只是提供消費者多一種選擇，不做道德判斷。」話說到這樣其實還算可佩，可惜他們畫蛇添足地加上一句「花花公子系列賣得比各大文具品牌都好——很多。」史密斯書店堅稱花花公子的標誌並不會「兒童不宜」，按他們的說法「那只是隻兔子」，而花花公子「代表的是趣味、流行與時尚」。不過解釋了這麼多，隔兩年史密斯書店還是悄悄地把花花公子的產品給下架了。「為提供顧客產品的選擇性，我們本就會定期檢試暨更新系列產品」，他們的發言人表示，「我們於每年春天針對產品進行例行性檢討，這次檢討的結論就是終止銷售花花公子。」這就叫風行草偃，風是社會，草是文具店。

說到流行文具，女孩兒是主要的客群，男孩兒則相對遭到忽視，選擇也比女生少一大截。我跟英國某鬧區文具店的採購聊過，她告訴我這是因為女生出門買東西會成群結隊，這當中只要有一個人買了某樣單品，那其他人就會買不一樣的東西。她說跟朋友撞衫、撞雙眼皮、撞文具都是大忌。青春期的男生剛好相反，小男生在時尚品味上會避免落單。假設一群男生裡有一個人買了卡通「南方四賤客」（South Park）的鉛筆盒，那其他人也會跟著買（話說南方四賤客首播至今不知多少年過去了，還是很受歡迎）。對男生來說，隨波逐流有種安全感。上述購買行為或許在底層潛伏著異性戀對於性別的刻板印象，或許讓人在感覺上不是很舒服，但銷售數字好像確實跟這種偏見站在同一邊。對零售業的商人而言，能賺到錢比搞性別政治重要多了，所以說選擇少（或是層次更高的男女市場區隔）到底要對少男保守的消費行為負多少責任，不在本書的討論範圍之內。

授權的文具產品在英國可能十分風行，但在歐洲其他地方就只有還好而已。在上學不需要穿制服的歐洲大陸，學子們要表達自我不用那麼麻煩，印有憤怒鳥或一世代（One Direction）[1]的鉛筆盒自然也就魅力大減。其實我舉憤怒鳥跟一世代為例都可能有點過時，但像這種句子實在很難寫到多高瞻遠矚。

如說歐洲對有肖像權的鉛筆盒不太熟悉，那美國是連鉛筆盒這東西都感到陌生，尤其跟隨處可見鉛筆盒的英國高中更是完全沒得比。不過有樣東西美國贏英國，那就是校園裡的「置物櫃」，而也正因為如此，美國學生只會把下堂課需要的用品帶進教室。我們只要很快比較一下Staples的英美網站，就可以知道這一點我所言非虛。姑且不論英美兩地的用語差異（我們把鉛筆「盒」（case）、「袋」（pouch）、「箱」（box）、「筒」（tin）統統都當成一種用品比較），英國的Staples網站硬是有比較多樣化的產品。突然間，電視跟電影裡演的那些美國高中場景都說得通了；陷入愛河的少女背靠著置物櫃，文件夾緊抱在胸口，手上抓著鉛筆跟尺，鉛筆盒，鉛筆盒呢？

當然美國為這個世界貢獻了口袋筆套——放在襯衫口袋裡，用來放筆，但又可以保護襯衫不被墨水弄髒的發明。也是啦，東西可以都安安全全放在口袋裡，幹麼還用什麼鉛筆盒啊？雖然常常被跟職場上或實驗室裡的工程師或電腦「宅男」聯想在一起，但我合理推測口袋筆套的出現，應該還是因為美國人基本上不用鉛筆的文化使然，既然不愛鉛筆盒，美國社會自然得另覓方法搬運文具。雖然口袋筆套好像很宅，聽起來不帥，但其實還是有兩方陣營搶著要當這一小片塑膠的發明人。

其中的一方，賀立・史密斯（Hurley Smith）有「時間」站在他這一邊，主要是史密斯宣稱的發明時間要比對手領先整整十個年頭。史密斯於一九三三年畢業於安大略省的皇后大學，拿到了電子工程系的學士學位，但找工作並不順利，足足好幾年的時間都在賣冰棒給糖果店跟雜貨店。後來

1　二〇一一年出道的男子流行團體，五位「九〇後」成員分別來自英國與愛爾蘭。

他搬到紐約州的水牛城，這時候他才稍微學以致用，開始到一家電子零組件公司上班。在公司裡他注意到同事會把原子筆跟鉛筆放在襯衫口袋裡，結果不是漏墨透過白色布料看到，就是口袋的邊緣會被磨到。於是下班後回到家，他開始拿不同的設計跟材料來實驗，看能不能找到解決的方案。有次他拿了一條細細的塑膠，折成一半，然後再把其中一端往下折，弄出一個「耳朵」。等放到襯衫口袋裡，這個耳朵就會自動卡到口袋的上緣，然後長邊則會稍微再高過口袋的上緣一點，這樣不僅口袋的內裡，就連口袋的邊緣都可以被保護到。一九四三年，史密斯拿這個設計去申請專利，品名是「口袋盾或保護器」（Pocket Shield or Protector），並於一九四七年獲頒專利。這期間史密斯仍持續研發改進，包括將這「口袋盾」的縫線熱封，以創造出用起來時「口袋中有口袋」的質感。隨著史密斯的設計銷路打開，他開始鎖定大企業或一般商家，看有沒有人想嘗試比較不一樣的廣告空間。到了一九四九年，史密斯賺的錢已經足夠他脫離上班族的行列，全心專注在口袋筆套的研發。

跟史密斯打對台的是葛森．史特拉斯伯格（Gerson Strassberg）。起來，史特拉斯伯格的發明過程比較不是那麼循序漸進，有條有理。葛森．史特拉斯伯格在歷史上有另外一個身分是後來的紐約長島羅斯林港市長，但一九五二年時，他的工作是供應透明的存摺護套給銀行客戶。有天電話響了，他接起來，順手把存摺套放進胸前的襯衫口袋。然後電話講著講著，他又順手把筆給放進襯衫口袋裡的存摺套內。欸，這好像是個不錯的點子！

從競逐口袋筆套之父頭銜的這兩造身上，我們可以看到兩種歷久彌新的發明者典型。一邊是一板一眼的工程師，發現問題，嘗試不同的材質與設計，直到完美地解決問題；另一邊是不羈的浪子在無意間產生靈感，不笨的他還相當有心，就順手用這老天給的禮物造福人群。有一種可能性是雙方都發明了口袋筆套，事實上，「發明」口袋筆套的人夯不啷噹可能有十幾個。主要是一九四〇到一九五〇年代剛好塑膠開始普及，而筆又還在漏個不停。對於如此庶民的一個問題，一群人素昧平生但有志一同想到類似的化解之道，其實不怎麼需要大驚小怪。

不論在《宅男的復仇》（Revenge of the Nerds）[2]裡，路易斯．史柯爾尼克（Lewis Skolnick）戴起來有多好看，口袋筆套的容量就是那麼大（小？）。幾枝原子筆或鉛筆ＯＫ，但要是再加上圓規、三角板、量角器，乃至於其他「中等教育普通證書」[3]（GCSE）考試需要的解題工具，那口袋筆套就會爆掉了。這時你還是得乖乖地回去用鉛筆盒。

學齡的兒童是幸運的，他們上學不需要大包小包。我在讀小學的時候，就從來不覺得自己需要什麼鉛筆盒。我們用的是老式的課桌椅，桌面掀起來就可以放東西，而且說真的，小朋友也沒有多少東西好放啦，因為鉛筆、橡皮、尺老師都會給，需要自備文具是從鉛筆進階到原子筆之後的事情。對小朋友而言，從鉛筆升格到原子筆是件大事，要老師點頭認定你會草寫了，筆跡可以

2　美國電視情境喜劇，首播於一九八四年，內容講述一群被欺侮的邊緣人跟怪咖如何反擊奪回平靜的校園生活。

3　原文為 General Certificate of Secondary Education，英國十四到十六歲學生在修畢第十跟第十一年級課程後所參加的會考，考科可選八至十二門。

連著不中斷了，才能夠得到的這種「殊榮」。當時我班上就有這樣的兩種階級，一邊還是拿鉛筆的幼幼班——而且都一定拿施德樓．諾里斯（Staedtler Noris）的HB鉛筆，另外一邊是包含我在內（我沒有要臭屁喔）的原子筆「優等生」。

終於可以從鉛筆組「畢業」之後，不少學童人生的第一枝原子筆都是「貝洛爾手寫筆」（Berol Handwriting Pen）。這枝紅色筆管的手寫筆在設計之前，業者曾經仔細諮詢過第一線的教師，才做出他們認為最符合兒童需求的第一枝筆，包括筆管的粗細，以及筆在紙上寫起來的摩擦力大小，都被當成一回事而經過深思熟慮。首先，筆本身不能太細，要稍微「大隻」一點，這樣手指肌肉控制力還不是很好，又沒有使用原子筆經驗的學童才比較好上手；再者，這筆寫起來也不宜像一般原子筆一樣強調滑順，反倒應該稍微有點摩擦力。自一九八〇年推出以來，貝洛爾手寫筆一直是教室裡的明星文具——只不過很難確定這是因為筆好還是大家懷舊，要知道貝洛爾手寫筆也是很多老師的第一枝筆。

現在變成諾威屈伯德（Newell Rubbermaid）旗下子公司的貝洛爾前身是老鷹鉛筆公司（Eagle Pencil Company），一八五六年由貝洛爾采莫（Berolzheimer）家族在紐約創立，一八九四年公司進軍倫敦，成立當地第一家辦事處。一九〇七年，老鷹鉛筆公司在英國托敦罕（Tottenham）設廠，並且一待就是八十年，然後才為了擴廠遷到金斯林（King's Lynn）。老鷹鉛筆公司在成長的過程中也併購了一些品牌，包括一九六四年的鉛筆業者L & C哈特慕斯（L. & C. Hardtmuth），乃至於一九六七年的美術教材供應商馬格洛斯有限公司（Magros Ltd）。隨著賣的東西愈變愈多，愈變愈雜，老鷹公司名字裡的「鉛筆」

誰把橡皮擦
戴在鉛筆的頭上？

二字聽起來愈來愈怪。於是一九六九年，公司改名為貝洛爾有限公司（Berol Limited）。

除了手寫筆是公司的代表作以外，貝洛爾在教室裡還有一樣很出名的產品，那就是氈製筆頭的彩色筆。運用馬格洛斯有限公司在這方面的經驗，貝洛爾成就了在校園著色畫市場中的霸業，就像他們也拿下了很多孩子拿筆的第一次一樣。著色畫感覺是非常純真、非常沒有殺傷力的一種樂趣，但顏色也可以很政治。一盒彩色筆裡要放哪些顏色，更重要的是這些顏色要叫什麼名字，這些都可以讓我們一窺社會的發展進程。

二〇〇四年，貝洛爾新推了一款「肖像」（Portrait）系列的彩色筆。「愈來愈多小朋友覺得很挫折，因為顏色不夠，他們沒有辦法表現出自己跟同學的膚色」，貝洛爾在產品表會上做了這樣的發言。公司說新彩色筆的宗旨是要讓同學們能「畫出更多在教室裡出現的髮色跟膚色，是畫肖像或畫人時的良伴」。「肖像」系列彩色筆有六種顏色，分別是紅木、桃子、橄欖、肉桂、杏仁跟黑檀。用木材、水果、堅果與香料來命名是公司刻意使之中性，藉此避開任何跟膚色有關的聯想。貝洛爾公司不想與人結怨，但不是每家企業都這麼有遠見。

賓尼與史密斯公司（The Binny & Smith Company）成立於一八八五年。一八六四年在紐約由喬瑟夫．賓尼（Joseph Binny）草創時，公司原本叫作匹克史基爾化學工廠公司。老賓尼退休後，公司由而兒子艾德溫還有外甥哈洛德．史密斯接手。到了十九世紀晚期，賓尼與史密斯公司開始供應滑石筆（slate pencil）與無塵粉筆給學校。一九〇三年，公司首次推出一組八枝的蠟筆，八種顏色分別是黑／藍／棕／綠／橙／紅／紫／黃。這個「克雷歐拉」（Crayola）系列後來顏色愈加愈多，公司不得不開始在顏色的命名上變些花樣。一九四九年版本的克雷歐拉蠟筆裡有「焦赭石黃」「康乃馨粉」、「矢車菊藍」、「長春花紫」，乃至於很不幸攪亂一池春水，粉色偏白的「肉色」（Flesh）。推出沒幾年，負責這項產品線的子公司克雷歐拉體認到肉色這個命名可能會引發一些問題，於是「在一九六二年，在美國民權運動的風潮中，『肉色』主動被改稱為『桃色』」，至少公司對外是這麼說的。

從今天的角度來看，我們會覺得把桃色稱為肉色會出亂子，是再明顯也不過的事情了，但也有幾次狀況是克雷歐拉的命名好像有點太敏感、太緊張了。首見於一九五八年的「印度紅」在一九九九年被更名為「栗子」色，主要是怕美國的學童會把印度想成「印第安」，然後在聯想到這是在說美國原住民的膚色。事實上按照克雷歐拉公司的講法，「這個顏色的得名是源自於印度一帶的一種紅棕色素，常見於精細的藝術油畫當中。」雖然是印度紅這名字是無辜的，但我認同克雷歐拉公司改名。或許是一朝被蛇咬吧，克雷歐拉給一九八七年上市的彩色鉛筆取了非常安全的名字：紅／紅橙／橙／黃／黃綠／綠／天藍／藍／紫／淺棕／棕／黑。這些名字中唯一有可能是罩門的就是他們不知道怎麼會突然想到要用的「天藍」。天藍除了有點意味不明以外，也跟整體的命名原則顯得有點格格不入。照講一路看下來，他們應該用的名稱是看得人不太會誤會的「淺藍」才對，畢竟天色要看時間，要看季節，天色是會一直變的。

藝術家用彩色粉筆跟用筆夾套著粉蠟筆可以追溯到十七世紀中，但第一枝木質的彩色鉛筆要到十八世紀晚期的一七八一年才被英國約克郡人士湯瑪斯・貝克維斯（Thomas Beckwith）發明出來。貝克維斯當時以一種染色複合物的製造方式申請了專利，「配方中的原料包括極純的礦物、動物與植物製品」，然後摻進「一定比例的高純度極細礦灰或特選陸生化石材質」，最後再加入「固定比例的高品質分餾精油」與「動物性硬脂酸物質」。這樣混合而成的原料會放到質感變得滑順，再過火通過「軟化」（mollification）、「稠化」（inspissation）與「脱水」（exsiccation）的過程之後，才能嵌進木材中製成鉛筆。現代的廠商會傾向用色素、水分、黏著劑、增量劑的混合物來製作彩色鉛筆的筆芯，主要是陸生化石與動物性脂酸實在是不好取得。貝克維斯的「新創彩色蠟鉛筆」（New Invented Coloured Crayon Pencils）是一七八八年由倫敦的文具商喬治・萊利（George Riley）代工生產，用起來有黑鉛筆的便利，而無粉筆為人詬病的髒亂與灰塵，並且這套彩色鉛筆一共有三十二色。時間拉到今天，瑞士公司各系列的產品多達二百一十二色，難道色彩也懂通膨？

學歷愈高，我們鉛筆盒裡的東西就愈多，種類也愈多樣化。可是一旦畢了業，又沒有從事建築繪圖員或海軍軍官等特定工作的話，你就會跟某些文具永遠説掰掰。曾經你跟某些文具就像老夫老妻一樣相處了許多年，卻在一夕間勞燕分飛，各奔西東。我們實在應該要有某種儀式來紀念這樣的過程，算是好聚好散，但我們沒有，我們就是把這些東西悄悄地收到抽屜裡，也塵封在記憶裡。不丟，是因為這些東西都沒壞；收著，是因為我們用不上了。英國上上下下肯定有數十萬退役的三角板跟量角器躺在抽屜裡，其中有一大部分肯定出自同一家廠商之手。

日後成為海力克斯（Helix）的這家公司成立於一八八七年，創辦人是來自伯明罕的生意人法蘭克・蕭（Frank Shaw）。身為金匠的兒子，蕭從小就對金屬加工耳濡目染。他開設的「豪爾街金屬滾軋公司」（Hall Street Metal Rolling Company）以生產金屬線材與板材起家，後來轉型供應實驗室器材，包括試管架、試管夾，乃至於黃銅製圓規。十九世紀晚期隨著學童人數的增加，蕭馬上注意到學習用具的商機。在當時，很多的學習器材（尺、三角板、繪圖板）都是木製的。一八八七年，蕭為他新開的「環球木工公司」（Universal Wookwording Company）設了一座新廠，結果公司很快就用他們以二十二道工序所生產的尺闖出名號。「長達十五英呎的半圓形木材送進工廠，靜置熟成可以達一年之久」，派翠克・畢佛（Patrick Beaver）在公司百年慶的紀念書中如此寫道。「這些木材會用電鋸裁切成大小不一的原型尺，然後再靜置一年。」在經過第二次熟成之後，這些尺的原型會用機器處理成形，接著拋光上漆。再來有一個模切（die-cut）的製程會在尺上刻畫出數字跟刻度，然後用碳黑（carbon-black）拂拭；最後再一次清潔拋光完畢，尺就可以出廠見人了。

環球木工公司（Universal Woodworking Company）的二十二道製尺工序絕對非常令人驚豔，但工業革命多少還是幫了點忙，歷史上最早的造尺工匠雖然沒有這樣的好運，但他們還是在刻度上達到了標準化與極高的精準度。其中最令人嘆為觀止的例子，得算是在西印度古吉拉特（Gujarat）邦洛塔（Lothal）出土的古尺了。一九五〇年代在考古挖掘中發現的這只象牙量尺可追溯到四千五百年前，其刻度精準到〇・〇〇五英吋（約〇・一二七公分）。象牙與獸骨材質的量尺一直沿用到十九世紀，主要是強度夠，尺身不會扭曲。惟出於成本與實用性的考量，木材與金屬最終還是慢慢盛行起來。有些尺會集兩種材質於一身，像我（又在eBay上買到的）威樂氏一四五經典量尺就兼具黃楊木（boxwood）的尺身與把其中一邊全部包覆住的金屬「邊緣」，這是為了確保尺緣不會用久變得坑坑巴巴，畢竟木尺一般都有這個問題。

在黃楊木尺成功的基礎上，法蘭克・蕭在一八九二年把豪爾街金屬滾軋公司併入環球木工公司，並開始增加學習器材的產品比重。兩年後他開發出新設計的圓規：海力克斯專利環圓規（Helix Patent Ring Compass）。在蕭的新設計問世之前，圓規都是用一顆小螺絲來固定鉛筆，才能夠畫出圓來。但有螺絲就要有螺絲起子，否則你根本沒辦法更換或調整鉛筆。相對之下，蕭的圓規用了金屬環來固定鉛筆，用手就可以拆卸或調整。就這樣，新的時代降臨，任誰想在紙上畫個圓，難度都比以前降低了一點點。金屬材質的圓規可以是校園裡衝突時的武器，大衛・鮑伊（David Bowie）的眼睛看起來怪怪的，據說就是因為跟求學時期的朋友喬治・昂特伍德（George Underwood）在打架時用上了圓規，當時兩人才十五歲。只不過這個說法極可能是空穴來風。（「令大家失望了，我沒有圓規，沒有電池，沒有大家說我有的那些東西——當年我連戒指都沒有。」昂特伍德在大衛鮑伊的傳記《星人》（Starman）這樣解釋過。）

撇開有著尖刺的圓規不算，校園裡最嚇人的武器得算是剪刀了。為了不要讓教室裡的小孩一人一把有著利刃的剪刀，學校裡一般都規定用圓頭剪刀，老師也會三令五申不准拿著剪刀跑（然後遞剪刀給人要反過來，你知道的）。你可能覺得字面上看起來矛盾的「安全剪刀」是過度保護、過度強調健康與安全的校園文化產物，歷史頂多幾十年，但事實上不止。一八七六年，美國俄亥俄州阿里安斯（Alliance）的阿莫斯・W・克蒂斯（Amos W. Coates）以「剪刀設計改良」之名義提出了專利申請，他想到的就是孩童（「女童可以用這種設計的剪刀去裁剪拼布被子的方塊或紙娃娃等」）。阿莫斯剪刀的「兩個刀片頭部有燈泡狀的保護設計」，可以避免小孩「用剪刀插到自己或一屁股坐上去」。

一九一二年，蕭匯集了的公司裡的各種產品，推出了首款學童用的數學工具組。一組工具裡就有「海力克斯五吋圓規一支、黃楊木量角器一個、木質三角板一片、六吋量尺一支、鉛筆跟橡皮擦。」產品一推出就狂賣，而且不只是在英國，包括在非洲與印度的傳教士也很喜歡這東西。海力克斯現在有賣一款「完備又精確」的「牛頓數學用具組」（Oxford Set of Mathematical Instruments），其前身就是一九一二年的這組產品。雖然在文具店架上賣了超過一世紀，全球銷量超過一億組，但這產品的內含物大致沒有改變。現今的版本在金屬的外盒上畫著牛津大學貝利奧爾學院（Balliol College）的教堂跟老圖書館作為裝飾，但盒蓋下的東西跟舊版沒啥兩樣，真要說就是尺、三角板跟量角器變成塑膠的，然後原本的三角板只有四十五度／九十度的，現在多加了三十度／六十度的，另外再加了削鉛筆機、字母模板（lettering stencil）與一張小小的數學公式跟符號表。這些內容物都印在包裝盒的背面，但上面還附上了警語：「可能隨個別市場有所差異，圖示僅供參考，內容請以實物為準。」

接近六十歲，法蘭克・蕭萌生退休之意。但因為沒有下一代可以接班（他五十好幾快六十歲才結婚），他於是把生意賣給兩個他信得過的同事，分別是亞瑟・羅森（Arthur Lawson）跟艾弗烈・衛斯伍德（Alfred Westwood），這兩位都已經在公司待超過二十年，也都有管理工廠的經驗。羅森跟衛斯伍德各付了五千英鎊（約當今日的二十二萬英鎊，或一千零七十萬台幣）取得半數的股份。他們在一九一九年接手時，公司的年營收大約是一萬七千英鎊（約當台幣八十二萬五千元），隔兩年，在兩人的努力下增至兩萬五千英鎊，但進入到一九二〇與三〇年代，公司的成長開始停滯不前。

一九二五年，亞瑟・羅森的兒子葛登（Gordon）與艾佛列・衛斯伍德的兒子克里弗（Cliff）進入公司服務，其中葛登負責木工生產，克里弗靠胼手胝足幹到了鐵工廠的領班。累積了五年的資歷後，兩位「第二代經營者」都獲指派成為董事會成員。接著為了因應美國經濟大恐慌[4]之後的變局，公司開始重整業務，淘汰表現低迷的產品線並凍結薪資。一九三〇年代後半的海外擴張讓公司業績得以小幅回升，但二戰爆發是禍不是福。工廠生產開始為戰爭服務，精密測量與導航裝置成為製造主力。戰後公司開始專注於海外拓展，大英國協國家（Commonwealth countries）的教育體系發展需求更是重點中的重點。一九五二年，葛登．羅森在父親過世後成為董事長，再過兩年，克里弗則退股選擇退休，他的持股由葛登吃下。在此同時，葛登的夫人愛爾熙（Elsie）加入董事會，自此海力克斯成了一個家族企業。

進入一九五〇年代，海力克斯開始推動公司現代化。現成的賽璐璐三角板與量角器由外界業者引進，木製的產品線則慢慢淡出。一九五五年，公司的正式名稱由環球木工（Universal Woodwork Company）更名為海力克斯環球有限公司（Helix Universal Company Ltd）。四年後，公司開設了旗下第一家塑膠成型工廠，一腳踏進了等待已久的未來。主要是木材成本日益昂貴，而塑膠射出成型的製程生產良率進步，塑膠尺受歡迎的程度同步大增。比起木尺，塑膠尺除了輕手、便宜以外，透明的特性更極為適於理科繪圖。但就是一樣，塑膠尺的強度比較差，基本上早年的塑膠尺都很脆，手稍

4 經濟大恐慌（the Great Depression）：或稱經濟大蕭條，指一九二九至一九三三年間全球性的經濟大衰，開始於一九二九年十月美國華爾街股災，造成諸多已開發及開發中國家國際貿易銳減、失業率飆升，直到二戰結束後才逐漸回復。

微一抖就會斷掉。

隨著製程技術的提升，塑膠尺慢慢不再那麼弱不禁風，這階段的海力克斯產品號稱「抗斷裂」，凡是過去三十年有在英國上過學的人，對這個詞都會有種親切感。這個說法直到現在，都還繼續印在海力克斯的產品上頭，一副好像永遠只有海力克斯家的尺不會斷一樣（現在還找得到一碰就斷的尺嗎？）隨便找間教室，你永遠可以找到一、兩個小屁孩把「抗斷裂」的意思誤解為「永遠不會斷」，然後就會開始想方設法把尺弄斷來打臉海力克斯。但其實業者的話已經給自己留了餘地，海力克斯是說「抗斷裂」，沒有說「不斷裂」。「抗斷裂」裡的「斷裂」（Shatter）字體用了一九七三年由維克．查爾斯（Vic Charles）的設計，維克也因此成為當年度「萊屈賽特國際字型競賽」的贏家。查爾斯設計的「斷裂」字體可以說崎嶇嶙峋，讓人一看就聯想到破碎的玻璃，也一看就知道這是在說尺不會「粉碎」而不是說它不會「斷裂」。我曾經想跟同學爭辯這一點，但他們肯定是聽不進去的，他們就是會衝著「抗斷裂」一詞跟尺過不去。有些版本的尺把「抗斷裂」升格為「防斷裂」（Shatterproof）。有趣的是我桌上一支（從前一份工作ㄎㄧㄤ來的）尺集兩種說法於一身，上面印著的是「抗防斷裂」，這讓我有點糊塗了。這是說這支尺可以抗拒「防斷裂」，所以會斷裂嗎？這樣的不確定導致我用這尺時戰戰兢兢，生怕它會突然自體爆裂成千千萬萬的小碎片。我沒辦法跟這樣的尺相處，但我也不敢把它給丟了，因為到時候要去撿可能也不安全。

塑膠尺因為有彈性，所以除了「抗斷裂」之外，使用者還可以拿尺來發射「彈道」橡皮擦，射程可以從教室的一端到另外一端，再不然還可以拿來彈課桌椅的邊緣，有人喜歡這種振動發出的「咻～碰」的聲音。有些尺不僅具有物理上的彈性，就連用途上都很有彈性。一九四〇年代由「帕爾瓦產品」（Parva Products）出品的「多功能信秤尺」（Combination Letter Weigher & Ruler）就是最好的例子（不一樣的聖誕禮物！）。這支尺在一頭有插槽，另外一頭有三個孔，合起來這尺就可以用來秤信重。使用的時候把信往插槽裡一塞，另外一頭則用鉛筆插進三個孔中的一個。達到平衡後，再對照孔旁邊標示的數字，你就可以知道這信件有多重，郵資要付多少。除了可以秤信以外，這支多才多藝的尺還可以當成放大鏡、「雲（形）尺」（French curve）、指南針、量角器、水平儀（spirit level）跟三角板使用。

一九五九年十一月，葛登・羅森意外辭世，他的遺孀愛爾熙接下董事長一職，第三代的兒子彼得則出任總經理。這之後的十年間，愛爾熙為了推廣海力克斯的產品而把足跡踏遍了非洲、亞洲與中東，另外，她也加入英國貿易代表團與大英國家外銷委員會服務，她的辛勤努力最終沒有白費。到了一九六〇年代晚期，海力克斯的觸角已經以合約的形式遍及全球八十個國家，愛爾熙女士個人也獲頒「大英帝國勳章」。在一九七〇與一九八〇年代，公司持續擴張，包括在一九七五年買下錢櫃製造商唐與泰勒公司（Dunn & Taylor），以及兩年後又買下橡皮擦廠商拉博上校有限公司（Colonel Rubber Limited），話說拉博上校這名字會讓人覺得創辦人是文具版「妙探尋兇」（Cluedo）[5]裡沒有被採用的角色。

在即將退休之際，法蘭克・蕭才驚覺自己沒預留足夠的時間來安排接班人，結果接手的羅森家族也沒記取教訓，長達半世紀的羅森王朝就結束在從親兄弟彼德手中接下公司的馬克・羅森（Mark

Lawson）手上。馬克六十幾快七十歲的時候，外界曾沸沸揚揚地臆測過公司的下一步，果然在二〇一二年一月，海力克斯宣布公司進入重整前的破產保護[6]。代表公司發言的董事總經理馬克・裴爾（Mark Pell）否認外傳公司出此下策是因為出現財務危機。裴爾說是為了讓公司從「過時」（antiquated）的家族企業轉型，為了讓公司能與時俱進，海力克斯高層才做出了這樣的決定。嗯，你高興怎麼說都行，馬克兄，你高興就好。

海力克斯進入破產保護還不滿一個月，就傳出法國文具商馬培德（Maped）要買下公司的消息。馬培德一九四七年成立於法國，原本叫「精密與繪圖用器製造公司」（Manufacture d'Articles de Precision Et de Dessin）。剛開始馬培德做的是黃銅圓規，但後來也開始多元發展。一九八五年，公司開始賣起剪刀；一九九二年，又在買下法國業者瑪拉企業（Mallat）之後把橡皮擦納入自家產品線當中。綜觀一九九〇年代，馬培德旗下的產品生力軍有訂書機、削鉛筆機，乃至於各式各樣的課堂與辦公室用品。公司的成長除了展現在產品的多樣化上之外，也可以從海外子公司的成立看出。一九九三年，馬培德首先在中國市場成立了馬培德文具有限公司，接著阿根廷、加拿大、美國與英國，也都納入了馬培德的營運版圖中。馬培德與海力克斯都是先靠黃銅圓規起家，然後才進軍到其他的學生與上班族用品市場，所以馬培德買下英國同業海力克斯可說是既合情又合理。馬培德的總經理札克・拉夸（Jacques Lacroix）在宣布買下海力克斯時說「兩家公司的結合不論從『產品組成』或是從區域市場布局的角度來評估，都可以產生顯著的『綜效』。」跟拉夸總經理一樣，我也很「樂見海力克斯保留營運上的獨立性，但同時又可以受益於馬培德集團強大的生產與銷售能力奧援」，不過老實說，我相信老法蘭克．蕭跟愛爾熙女士即便在世，也絕對講不出「顯著的綜效」跟「產品組成」這樣的話來。

5 一九四八年在英國由瓦丁頓（Waddington）公司推出的桌遊，後傳至美國，現由孩之寶（Hasbro）公司發行出售。遊戲設定在英國一棟宅邸中，宅邸主人－英國版為黑博士（Dr. Black），北美版為巴迪先生（Mr. Boddy）遭人殺害，所有玩家都是宅邸裡的客人，也是嫌疑犯，先找出兇手者勝。玩家的名稱分別為：黃上校（Colonel Yellow；使用黃色棋子）、梅教授（Professor Plum；紫色棋子）、綠先生（英 Rev./ 美 Mr. Green；綠色棋子）、藍夫人（Mrs. Peacock；藍色棋子）、Miss Scarlett（紅小姐；紅色棋子）、Mrs. White（白夫人；白色棋子）。

6 企業宣布破產後可於規定的時間內進行業務重整或尋求其他人接手，此期間內公司可獲法律保護，債權人不得進行追討。在英國稱為「Administration」，相當於美國的「第十一章」（Chapter 11 of the United States Code）破產保護。

第九章
我跟定你了：因為我是黏膠

「我跟定你了，因為我是黏膠」，莫・塔克（Moe Tucker）[1]在一九六九年「地下絲絨」（Velvet Underground）樂團的「我跟定你了」（I'm Sticking with You）一曲裡是這麼唱的。這樣的情操很偉大，但這句話說不太通。如果莫真的是膠做的，那她應該「『黏住』你」，而不是「『跟定』你」。嚴格說起來，說「跟定」而不說「黏住」代表著我才是那個黏膠做成的東西，但我就不是黏膠做成的嘛。就在差不多莫說自己是黏膠做成的時候，一家德國公司也思考「膠」這樣黏黏的東西，但做生意的顯然比唱歌的更懂得深思熟慮。

一九六七年，有位沃夫岡・迪里希斯（Wolfang Dierichs）博士在德國一家製造業公司漢高（Henkel）上班。一天銜命出差的他通關上了飛機，找到座位綁好安全帶，接著飛機起飛後他也開神遊。就這樣，當飛機降落時，他已經醞釀出了一個革命性的想法可以翻轉（黏膠的）世界，而給他這個靈感的是位「繆思女神」。原來這位神祕的小姐在飛機上補妝，正好迪里希斯博士看到她在塗口紅，於是他想說口紅的外型應該可以有別的應用。博士覺得我們可以拿口紅這種可以轉上轉下的管子來裝別的東西，比方說一塊固體的黏膠，這樣不是又乾淨、又便利。我們只要把蓋子取下，就可以把黏膠的用量抓的剛剛好。不用膠水罐、不用刷筆，一管「口紅」搞定。當然看過女生塗口紅的很多，不是每個人都會在頭上冒出一個泡泡想說「要是她往嘴唇上塗的是一塊膠，又當如何？」，但迪里希斯在漢高頗具規模的黏著劑（adhesives）部門服務，所以他會做這樣的聯想也是（幾乎）正常的事情。

雖然百特口紅膠（Pritt Stick）的官方說法認定是這位神祕女子給了迪里希斯靈感，但很可惜她的身分成謎。在公司網站上、新聞稿與公司史裡都出現過的前幾版故事當中，都沒有提到這名女子的姓名，不清楚她究竟是乘客還是機組組員，所有的描述都只說她名女子——頂多說她是個年輕的女子，再不然是個相貌清秀的美女，但也就僅止於此了。生性多疑一點，就會有人質疑這女人是否是無中生有了，甚至有人會質疑迪里希斯究竟有沒有搭過那班傳奇的飛機。搞不好這整件事情真的是公司多年後編出來為產品增添浪漫的故事性，但我不多疑，我相信人性本善，我選擇相信漢高。

傅瑞茲・漢高（Fritz Henkel）年僅二十八歲，就找了兩個同事在德國亞琛（Aachen）創立了漢高公司（Henkel & Cie），那是一八七六年九月的事情。公司成立之初賣的是用矽酸鈉（sodium silicate；水玻璃）做的洗衣粉。雖然市面上已經有類似的產品，但漢高的版本硬是比較好用，主要是對手的產品都是散裝在賣，而漢高則事先分裝成小袋。兩年後，公司開始賣一種漂白粉，這種叫做漢高「漂白蘇打粉」（Bleich-Soda）的產品堪稱德國品牌清潔劑的始祖。就此公司不斷成長，不斷建新廠，也不斷增聘新的銷售員工，而這些銷售人員把足跡踏遍了德國，就是要把公司各種產品的名號給打響。而漢高也不斷研發新的東西，除了原本的清潔用品以外，公司也產品清單上也開始出現「髮蠟」、「牛肉萃取物」與「散裝茶葉」。

1 本名莫琳・安・塔克（Maureen Ann Tucker），一九四四年生，美國知名鼓手、搖滾歌手與樂師，最出名的資歷便是曾在紐約出任實驗前衛樂團「地下絲絨」的鼓手。

進入二十世紀，漢高公司仍舊保持多角化經營，最終他們專注的三塊業務是：「衣物洗滌與居家清理」部門——一九〇七年推出的「寶瑩」（Persil）品牌、「美容保養與個人衛生」部門——「施華蔻」（Schwarzkopf）護髮產品，乃至於黏著劑／密封劑／表面處理產品部門，其中迪里希斯就是在這第三個部門。漢高最早是在一戰時從事黏著劑的研發，主要因為戰時公司封裝用膠的原料短缺，漢高不得已只好把自家用來生產洗滌劑的原料拿來實驗，看可否當成替代品。

人類用各種不同的方式把東西黏在一起，已經有數十萬年的歷史。用樺木樹皮的焦油把石片黏在一起所製成的原始工具，就曾經於二〇〇一年在義大利中部出土，且據信是二十萬年前的文明遺跡。樺木樹皮經加熱後便可乾餾產生上述之焦油，另外瀝青也是人類早期製造石器的材料之一。南非西布杜石洞（Sibudu Cave）中挖掘出的樣本包含七萬年前黏著用化合物的殘跡。這時的人類已經從純天然的瀝青進步到把紅赭土摻入植物性的樹脂來作為黏膠，藉此把石柄與木質握把結合在一起做成武器。紅赭土除了可以增加「接點」的強度（只用純樹脂會太脆，經撞擊可能會碎裂），還可以讓樹脂不易溶解在在潮溼的環境中。

在一九三〇年的《古代藝術的故事（暫譯）》（*The Story of an Ancient Art*）一書中，作者佛洛伊德·L·達洛（Floyd L. Darrow）描述了古代埃及如何用膠來製作拼接家具。三千五百年前底比斯（Thebes）的一幅壁畫上就看得到一罐黏膠在火爐上加熱，同時旁邊一名工匠在用刷子上膠。埃及陵墓裡的家具很明顯有接點膠合與表面拼接的技術。在《家具的故事》（*The Story of Furniture*）一書中，作者艾佛列特·柯本（Alfred Koeppen）與卡爾·布爾（Carl Breuer）提到「古埃及已經把尊貴的木材貼一層薄薄地在普通的木頭上面，讓後者的質感大增」，另外兩位作者還介紹了當時埃及人用的兩種黏膠：

> 比較常見的是接合工匠所使用，由動物內臟與魚鰾製成的黏膠——另外也有用生石灰混合酪蛋白（casein）。

除了出於美觀考量以外，埃及人還發現拼接具有結構上的優勢——比起用整塊木頭一體成型出來的產品，拼接的家具比較不易變形。從古埃及的家具可以留存到現在，就不難看出當時工匠的技藝水準（我在IKEA買的超抖書櫃應該撐不了三千多年）。「史學研究顯示要不是有已臻化境的拼接藝術為底，古埃及家具的豐厚美感將難以成形」，達洛如此寫道，「而在拼接這種古老的藝術形式中，黏膠扮演了舉足輕重的角色。」

說到藝術，製膠是門希臘與羅馬人都相當熟稔的技藝。老普林尼（Pliny the Elder）在《博物誌》裡把發明黏膠的功勞歸給了大流士（Daedalus）。老普林尼並且介紹了兩種不同的黏膠，分別是公牛膠與魚膠。雖然膠原蛋白——這個英文字的字源就是希臘文kola，意思是「膠」——可以萃取自幾乎任何一種動物的任何一個部位，然後再拿來做成製膠需要的吉利丁（gelatin），但「公牛的耳朵與下體製成的黏膠品質最好。」老普林尼信誓旦旦地解釋。魚膠的別名是「ichthyocolla」，因為它就是用這種鱘科的「黑海鰉」取材製成的。普林尼另外提到一種用「頂級小麥麵粉混以沸水，再灑入幾小滴醋」做成的「紙漿糊」（common paper paste），基本上這跟今天英國小學課堂上還有用麵粉加水在做的漿糊，還滿像的。

普林尼雖然提到大流士用公牛製膠，但真正跟製膠最有關係的動物應該是馬。退役的工作馬會被送到「鞍院」（knacker's yard；此詞出處據信為十六世紀斯堪地納維亞的古諾爾斯語單字 knakkur，意思是馬鞍）做成黏膠。但其實也不是說馬做出來的膠就比較好，至少是沒有特別黏啦。在英國跟美國，馬的定位就是獸力而非營養或能量的來源，所以說不能工作以後的馬自然也不會跑到餐桌上，而是會做其他的利用。

羅馬帝國滅亡以後，拼接的技藝銷聲匿跡了一段時期，十六、七世紀才又重返人類歷史舞台：一六九〇年，史上第一家以營利為目的獸皮黏膠工廠在荷蘭開設；一七五四年，一位彼得．鄒莫（Peter Zomer）首次在英國登記了專利給以「鯨尾、鯨鰭與其他對鯨油生產業者無用或幾乎價值，因此多半遭到丟棄的沉積廢棄物與魚身碎塊」生產黏膠的技術，其中鯨油（train oil）的是由鯨脂（whale blubber）製程，名稱「train oil」是源自於中古低地德語（Middle Low German）的「trān」與中古荷蘭語（Middle Dutch）的「traen」，意思是「淚滴」（tear），這是因為鯨油在萃取的過程中是一滴一滴累積出來的，用途除了當成油燈的燃料外也可以製成肥皂。不論從環保或經濟的角度出發，黏膠的製程都算是讓鯨油製程中的副產品得以物盡其用。只不過鄒莫自己也承認這樣做出來的魚膠品質「比不上英國人用獸皮切片做出來的產品」。

黏膠的生產直到十九世紀晚期都還是一種地域性很強的產業，一大原因是產品的保存期限太短，很容易乾掉，所以不容許業者進行長距離的貨運。威廉．勒佩吉（William LePage）是想出辦法解決這問題的一位先驅。他在魚膠的製程中用上了碳酸鈉來完全取代鹽分，因為「鹽分正是一路以來膠水發展的大路障」。前人以魚皮製作魚膠都會先把魚鱗刨除，勒佩吉則留下魚鱗，藉此取得「原料方面的優勢，主要是如此製成的魚膠可以保留住魚鱗中所有有用的成分與特性，成膠因此較不易溶於水，強度也比去鱗製成者要強。勒佩吉的膠水製成後可以維持液態長達數月，所以開封後可以直接使用，不像其他對手必須加熱後使用。

勒佩吉一八四九年生於加拿大的愛德華王子島（Prince Edward Island），後來搬到美國的麻塞諸塞州，他一開始做了錫匠，後來的工作又變成與化學相關。麻州的漁業興盛，而就跟前輩鄒莫很像，勒佩吉也用廢棄的漁業副產品來製膠。一八七六年，勒佩吉公司（The LePage Company）成立，一開始公司是把產品售予在地的皮革製品廠；一八八〇年，公司推出了家用膠水，然後接下來的七年，勒佩吉的公司累積了全球四千七百萬瓶膠水的銷量。

一九〇五年，來自美國印第安納州的法蘭克．嘉德納．柏金斯（Frank Gardner Perkins）開發出了一種植物性的膠水來取代肉品與魚身製品，人類歷史上首款成功的植物性黏著劑於焉誕生。早幾年，柏金斯參與了把樹薯（或稱木薯；cassava）從原生的南美洲引進佛羅里達的計畫，結果慘不忍睹，主要是樹薯佛州的氣候水土不服。這對他的栽種者製造公司（Planters' Manufacturing Company）來說是價值三十萬美元的昂貴一課。不過在進行樹薯試驗的時候，柏金斯發現樹薯粉受潮時會偶爾出現膠狀的黏性，於是反正種不成樹薯，他索性開始進口樹薯粉來研發黏膠。後來他用自己滿意的配方去投石問路，看「勝家製造公司」（Singer Manufacturing Company）有沒有興趣。柏金斯努力向勝家公司介紹這種黏膠的好處，冀望他們會願意在工廠中採用。

植物性澱粉作為膠的原料已經有數千年之久，但用來生產家具倒是沒見過，勝家因此想要先自行測試一番。於是勝家用柏金斯的黏膠組了一定數量的木櫃，並且將之「置於各種最惡劣的環境中——鍋爐上、暖氣後面、地下室裡、溫差很大的房內等等」，而且一放就是一年多。之後勝家把這些木櫃拿出來仔細檢視，結果柏金斯的黏膠撐了下來。於是在勝家的支持下，柏金斯持續修正黏膠的配方。事實上足足花了兩年的時間，從編號一號的配方一直試到第一百八十三號，柏金斯才露出了滿意的笑容。

雖然植物性膠的成本相對低廉，同時勒佩吉的魚膠又一堆問題，但牛馬做成的黏膠仍然是市場的主流。直到一次世界大戰爆發，資源開始匱乏，漢高才開始試驗所謂的「水玻璃」（公司原本拿來做清潔劑的矽酸鈉）。漢高起心動念並不是要用水玻璃來賺錢，而是想要改善自家的包裝問題。不過研發的進度算是緩慢，一直到一九二二年，漢高才正式推出品質穩定的黏著劑商品。首先漢高把重心放在裝璜用膠，水溶性的「漢高乾式黏膠」[2]（Henkel-Kleister-trocken）就是一例。進入一九三〇年代，漢高公司又開始研發賽璐璐的黏著劑產品。二戰開打後，漢高以外國平民與戰犯填補了徵兵造成的人力缺口，產線得以持續開工；戰後公司又投身合成樹脂的發展。

第一款賣出成績的合成樹脂黏膠誕生在一九二二年，瑞典鞋匠艾利克斯・卡爾森（Alex Karlson）是幕後的功臣。就跟彼得・鄒莫與威廉・勒佩吉用在地產業的下腳料來做魚膠一樣，卡爾森也就地取材做出了合成樹脂膠。他把瑞典電影產業剩餘的賽璐璐拿來溶於丙酮（acetone），成品就是他的多功能黏著劑。除了是卡爾森樹脂膠的原料來源以外，瑞典的電影工業也是卡爾森的宣傳管道。卡爾森的同事歐洛．克萊爾（Olow Klärre）為自家公司設計出了一隻叫「佩波」（Peppo）驢子當作吉祥物，而且還把「牠」的出道弄得轟轟烈烈。克萊爾用打著公司名號的宣傳旗幟裹住了佩波全身，然後不請自來地跑去公司所在地的一場遊行上「喧賓奪主」，刻意讓在場的媒體拍到，結果是全瑞典的電影院裡都看得到這段遊行的新聞影片，廣告效果奇佳——原來游擊行銷（guerrilla marketing）可以追溯到這麼久以前？

到了一九六〇年代，漢高旗下已經有一系列的合成黏著劑與樹脂產品都很暢銷，並以此為基礎開始在美國建立灘頭堡。漢高首先於一九六〇年收購了標準化學產品有限公司（Standard Chemical Products Inc.），然後一九六九年推出百特口紅膠。沒兩年，百特口紅膠已經賣到三十八個國家，現在更是超過一百二十國都買得到，年產量高達一．三億條，累計銷售量已經超過二十五億條，如果全部拿來塗，「人類畫條線從地球出發，途經我們的衛星月球，抵達火星，然後再繞回到地球」，至少漢高公司是這麼說的。

現役的百特口紅膠吉祥物是「百特先生」（Mr. Pritt），基本上就是條活生生的百特口紅膠。彼得．帕克（Peter Parker）被輻射造成基因突變的超級蜘蛛咬了一口，回家睡一覺變成蜘蛛人，布魯

2 Kleister 在德文裡是糊、膠狀物的意思；trocken 則是「乾」的意思。

斯・班納（Bruce Banner）暴露在伽馬射線下變成綠巨人浩克，但沒人知道百特先生是怎麼來的，反正一九八七年的某天他就好手好腳地突然出現了，曼徹斯特的波登・戴勒・海斯（Boden Dyhle Hayes；BDH）廣告公司是他的誕生地，阿諾・辛德（Arnold Sindle）是他的「父親」。百特先生有紅色的身體，長得跟國際版的百特口紅膠一樣（英國版是白色管身），比較怪的是國際版紅色口紅膠的頭蓋也是紅的，但百特先生的頭蓋卻是白的。其實我也不確定叫「頭蓋」對不對，但對百特先生來說那應該是他的「頭」，還是說那是頂安全帽，下面才是百特先生的頭，我實在被搞得有點亂。且不論百特先生的特異生理構造為何，你使用口紅膠的過程真的可以說是讓百特先生的同胞肝「腦」塗地。

從二〇〇七年起，百特口紅膠管身上的國際版紅色標籤開始印上百特先生的形象（白色英國版要等到二〇一一年才看得到他），但紐約海灘包裝設計公司（Beach Packaging Design）的平面設計師蘭迪・路得瑟（Randy Ludacer）在網站上發表他所做的一點小小觀察：「產品標籤上的這名吉祥物似乎穿著的是舊版的標籤（意思是他本人沒出現在上面），如果普利特先生身上所穿的衣服可以跟產品的最新設計同步的話（畢竟他本人就是新版的代表，舊版的殺手），那我們就會進入到一個「德羅斯特」（Droste Effect）效應的世界裡——百特口紅膠上有位百特先生，而這位百特先生的身上又有一位百特先生，然後百特先生身上的百特先生身上又有一位百特先生，以此類推，沒完沒了。「當然」，路得瑟點出，「標籤上幾乎把百特先生的下半身都切掉了，所以他可以重複出現多少次還很難說。」

其實百特口紅膠不是市面上唯一的口紅膠。迪里希斯的構想一成功商品化，其他品牌也蜂擁而上推出自家的產品，只不過影響力都遠不及百特口紅膠。一管膠塊裝在塑膠容器裡要如何行銷，前前後後有過不少的嘗試，有公司主打自家的產品包裝比較強固，或是可以用得比較久，還有廠商把膠塊染成彩色，但乾掉後顏色會神奇地自動消失（紫色塗上去，乾掉變透明！）在這樣百家爭鳴的戰國時代裡，我們不得不佩服ＵＨＵ的反璞歸真，他們推銷自家Glue Stic時只淡淡地說「特殊設計的旋鈕式頂蓋，膠體可長保溼潤！」嗯，不然呢？

ＵＨＵ的創辦人是具有化學背景的德國人奧古斯都・費雪（August Fischer），成立於一九〇五年，當時他是在布爾（Bühl）收購了一家小型的化學工廠，然後ＵＨＵ就此誕生。一九三二年，費雪開發出了一種合成樹脂黏著劑，首先是這膠完全清晰透光，再來就是相對於前輩如卡爾森的「Klister」（瑞典文黏膠之意）是「多功能」（multi-purpose），費雪的配方號稱「無所不能」（all-purpose），意思是沒東西不能黏，包括早期的酚醛塑膠（Bakelite，又稱電木或膠木）都不例外（ＵＨＵ黏什麼都比較厲害！）這種ＵＨＵ樹脂的名字是擬聲詞，主要是當時鄰近的黑森林（Black Forest）裡有一種常見的雕鴞／角鴟（鴟鴞科）叫起來是「喲－呼」（Yoo-Hoo），結果這叫聲就變成這種貓頭鷹的小名，然後再被ＵＨＵ公司拿去使用（「別叫我黏膠：叫我「喲－呼」！」）。

戰略上ＵＨＵ面對強大的Pritt Stick，這一仗自然還是打得很辛苦，但他們至少有一項戰術上的優勢，那就是ＵＨＵ設計了一款手機應用程式（App）叫做「ＵＨＵ用膠顧問」（UHU Glue Advisor），iPhone跟安卓手機的版本都有出。打開這個App，你可以任選想黏起來的兩種不同材質，然後軟體就會告訴你用哪一種ＵＨＵ產品最好。想把天然珍珠黏到鉛塊上？你需要的是「UHU Plus高強度兩液分裝混合式環氧樹脂膠」（UHU plus Endfest 2-K Epoxidharzkleber）——App本身是英文版，但可惜產品名稱還是都寫德文；想把軟木塞黏到鋼筋混凝土上？請用「UHU泛用安裝膠」（UHU Montagekleber Universal）。這樣的功能實在很貼心，但這App還是有使不上力的時候，畢竟有些東西用黏不上去；二十英鎊的大鈔不小心撕成兩半，或者生日禮物需要包起來，口紅膠派不上用場，這時候你需要的是膠帶，是的，朋友，你需要膠帶。

各式各樣的膠帶已經有數以百年計的歷史。古埃及人會用麻布條浸完石膏做成葬禮用的面具；古希臘會混合多種植物汁液、橄欖油與氧化鉛做成鉛膏（Diachylon）塗在麻布繃帶上作為醫療之用。一六七六年的《音樂的里程碑；或，迄今已知，存在過的神聖或庶民實用音樂紀實》（*Musick's Monument; Or, a Remembrancer of the Best Practical Musick, Both Divine, and Civil, That Has Ever Been Known, to Have Been in the World*）一書中，湯瑪士・梅斯（Thomas Mace）描述了魯特琴工匠在樂器製程中有一道手續，當中運用到一種「一到兩便士大的紙片，以膠沾溼」。一八四五年，威廉・佘卡特（William Shecut）與荷瑞斯・戴（Horace Day）在紐約共同申請了專利給一種「以印度橡膠跟其他材料製備黏性醫用繃帶的方法」。兩人後來把這專利出售給湯瑪斯・歐卡克（Thomas Allcock），歐卡克則把這樣生產出來的產品賣給腰背部或其他地方疼痛的人。一八八七年，嬌生公司（Johnson & Johnson）以「Zonas」品牌開賣含有氧化鋅成分的黏性繃帶。幾年後，嬌生發覺黏性繃帶的用途「並不限於外科醫學，而是可以廣泛應用在家中、大小工廠、甚至於可以用於旅途中，日常的用途幾乎可以說不勝枚舉。」嬌生所說的這些「日常用途」包括修復玻璃瓶罐、給容器貼上標籤，還有把快散掉的書救回來——不過說起膠帶有多好用的「名場面」，就不得不提英國長壽劇《加冕街》（Coronation Street）[3]裡的傑克・達克渥斯（Jack Duckworth）一角跟他「一百種方法修眼鏡的辦法」。這時候的膠帶好用歸好用，但主要還是作為醫療應用，真正意義上的多功能膠帶要開發出來，賣出成績來，那又是好多年後的事情了。

好多年過去，我們終於等到狄克・德魯（Dick Drew）為人類帶來了真正的多功能膠帶。一九二一年，大學甫畢業的德魯就立刻加入了美國的製造業大廠3M。剛進公司他待的是內部的實驗室，主要負責「乾溼兩用」（WetOrDry）防水砂紙的品管測試，工作的內容包括帶砂紙到在地的車輛保養場觀察公司產品的實際表現。話說一九二〇年代初，車主間開始風行起雙色烤漆。由於車身兩種色調之間必須涇渭分明，因此其中一邊上漆時必須把另外一邊蓋住，作法是用膠或外科用膠帶把報紙固定在車身鈑金上。但只要一個不小心，報紙或膠帶撕下來時就會傷到底下的烤漆。一天他照例拿砂紙去汽車保養廠測試，剛好遇到一位師傅正小心翼翼在給車身噴漆。漆噴完後師傅把遮的東西拿掉，結果剛噴上的新漆剛好繞著車身被帶走了一整圈橫線，師傅第一時間大嘆一口氣，但也無能為力。人在現場的德魯劈頭就跟修車師傅說他可以做出更好用的膠帶，也不知道他哪來的自信，因為按照某3M史家的說法，「他既沒經驗也沒概念，竟然就敢這樣亂開支票。德魯完全不知道需要從哪裡下手，他有的只是年輕人初生之犢不畏虎的衝勁。」

德魯回到3M辦公室後就開始研發新的膠帶。雖然膠帶跟他的職務沒啥直接關係，但3M鼓勵創

3 英國肥皂劇，堪稱長壽劇中的長壽劇，一九六〇年開播至今仍未結束，二〇一〇年九月十七日播出創下史上播出最久電視劇的紀錄。劇情以英國藍領階層的生活作為重心。

新的企業文化還是給了他持續實驗的空間。這膠帶得好貼、好撕，還得夠防潮，這樣油漆才不會滲到底下的車身上。德魯把3M現有「乾溼兩用」砂紙上的防水黏著劑拿來做為基礎，開始了他的研究，而這種以植物油為基底的黏著劑雖然用完好移除，卻還是會玷汙車漆。經過了幾個月的研究，德魯的團隊開發出了一種結合木膠跟甘油的黏著劑。使用這種黏著劑所做出的遮蔽用膠帶不僅好撕，而且不傷車，問題是作為膠帶本體的牛皮紙欠缺彈性，無法延展，所以沒辦法配合車身線條。還有就是這種膠帶不能捲，一捲起來就會自己黏成一團；拉開來要使用時，上面膠帶的黏著劑就很容易沾到底下的膠帶。德魯嘗試用俗稱「乾酪布」（cheesecloth）的紗布布條來解決這個問題，但這樣又會使得膠帶的成本過高。

德魯的遮蔽用膠帶是以卷為單位販售，膠帶寬度是五公分多一點點，但並不是這五公分都全部塗了黏著劑，而是只有帶體的兩側有塗——一側用來黏住車身，另一側用來黏住報紙。3M內部的說法是有位噴漆師傅覺得公司很小氣，怎麼黏著劑才分布在膠帶兩邊而已，於是就抱怨說：「不過是黏膠嘛，你們幹嘛那麼蘇格蘭佬（Scotch）啊？」——兩種侮辱，一次滿足，又拐彎抹角罵蘇格蘭人小氣，又用了意思是指蘇格蘭沒錯，但用在人身上相當不敬的「Scotch」這個形容詞。雖然對外鄉人有隱含的敵意，而且文法上也不精確（蘇格蘭人的形容詞應該是Scottish或Scots），但「Scotch」的名號硬是傳了下來，變成了3M公司旗下的一個商標。回到正題，德魯對膠帶本體的材質始終不滿意，直到有一天他用了「皺紋紙」（crepe paper）做實驗，結果「皺紋」的結構提供了伸縮的彈性，而且紙本身也不會黏在一起。一九二六年，新式的德魯膠帶賺進了十六萬五千美元的營收（約當今天的兩百二十萬美元）。這個配方後來又經過十年間若干次的修改，一九三五年的營收達到一百一十五萬美元，換算成今天的幣值是一千九百六十萬美元。

一九二〇年代晚期，化學大廠杜邦（Du Pont）在美國市場推出了一種透明的包裝用賽璐玢或玻璃紙（cellophane）。雖說是「構想以上，白日夢未滿」，但德魯還是想嘗試用玻璃紙來當成膠帶的本體。遮蔽膠帶首賣的四年後，有家生產絕緣產品的企業找上了德魯。弗萊克斯里南公司（Flaxlinum Company）以生產家用絕緣產品為主，但一九二九年他們接到一筆訂單是要為鐵路的冷藏車廂施作絕緣工程，為此，他們需要一種能百分之百封阻水分的材質。弗萊克斯里南原本寄望於 Scotch 遮蔽膠帶可以發揮這種功能，但當時採用的皺紋紙做不到百分百抗潮。德魯試了不同的材質來當作膠帶本體，但成效都無法令他滿意。

不過與此同時，他的遮蔽用膠帶還是持續熱銷。而為了確保膠帶在運送的過程中不會受損，3M 有位同事提議用玻璃紙包住，於是他們想到玻璃紙的防潮程度如果足以保護膠帶，那搞不好它也可以直接拿來做成膠帶。當然事情不會這麼簡單，首先，要把黏著劑平均地塗在玻璃紙上面，就不是件容易的事情，再來就是琥珀色（amber）的黏著劑塗到透明的玻璃紙上面，看起來會髒髒的像泥巴一樣。經過近一年的努力，3M 首次推出了透明膠帶，這天起十年不到，3M 的膠帶部門開始每年賺進一千四百萬美元的營收（今天的兩億三千萬美元）。雖然這時期的膠帶主要是設計為工業或業務用，但其中一款家用的小型膠帶卻撐起了部門的業績，主要是老天實在太幫忙，這款小型膠帶推出的時機完美無缺，剛好落在經濟大恐慌為禍最烈的期間。乍聽之下，經濟大恐慌好像不是做生意的好時機，但對非常時期、錙銖必較的小老百姓來說，買卷膠帶來把翻壞的舊書貼起來，把家裡的用品修一修繼續用，還是還划得來的。

不過這卷膠帶還是有一個問題。膠帶本體與黏著劑固然都有了進步，但在使用上還是有點不順手。剪下一小段後，連在膠捲上的膠帶會馬上黏回去。按照史蒂芬・康諾（Steven Connor）在《有的沒的：神奇事物的趣味人生》（*Paraphernaia: The Curious Lives of Magical Things*）一書中所說，使用者想要找到膠帶上次用到哪裡，就得把自己的指甲當成「留聲機的唱針一樣邊聽邊感受那可口的、決定性的喀擦一聲，你才能再回到膠帶的『密室』裡。」就算膠帶頭找到了，你還是得拉出一段膠帶，然後找把剪刀剪下來。其實這在今天也還是個問題，只是當年的問題更大，德魯畢需要解決這個問題，才能讓普羅大眾接受他的產品，更別說當時他的膠帶本體是玻璃紙材質，黏著劑的成分也沒有今日先進。

3M嘗試過要做出一個台子可以讓整卷膠帶安裝在上面，讓被固定住的膠帶可以拉出一小段然後切斷，但如何找到「膠帶頭」的問題還是沒解決，並且切斷膠帶還是得靠剪刀。一九三二年，3M玻璃紙膠帶部門的業務員約翰・波丹（John Borden）開發出了一款內建有刀片的膠帶台，刀片的形狀設計成可以讓膠帶頭直接固定在刀上以方便下次取用。後來又有尚・歐提斯・瑞內克（Jean Otis Reinecke）接手精進了這款膠帶台的設計。

具有工業設計師身分的瑞內克曾經在芝加哥的新包浩斯學校（New Bauhaus school）任教過，他前後有二十年的時間替3M設計膠帶台。一九六一年推出的美型膠帶台型號C-15（Décor Dispenser Model C-15）

擁有動感如耐吉商標的外觀線條與圓潤如鵝卵石的腳印形狀投影，直到今天都還沒有停產。不過真要說瑞內克最具代表性的作品，還得算是蝸牛形狀的小膠帶台。只由兩塊塑膠構成的「蝸牛」膠帶台因為造價夠便宜，所以3M每卷膠帶都送一個，基本上用完即丟。

在英國，感壓式（pressure-sensitive）膠帶的市場由單一品牌獨霸，這品牌就是一九三七年由柯林·基寧蒙斯（Colin Kininmonth）與喬治·葛雷（George Gray）在西倫敦艾克頓共同創辦的「Sellotape」。基寧蒙斯跟葛雷向一家法國公司買下了原創製程的權利，開始在賽璐玢膠片的外表包裹上天然橡膠樹脂的塗層。因為賽璐玢（cellophane）當時已經被登記為商標，所以基寧蒙斯跟葛雷就把字首的「c」改成「s」，「Sellotape」的品牌名稱於焉誕生。在戰時，Sellotape用拿去替口糧與彈藥的箱子封口，另外公司還提供一種膠帶的「大全張」，供民眾貼在窗戶上來減低轟炸造成的損害。就跟德魯的產品在經濟大恐慌的期間找到自身的利基，殺出一條血路一樣，Sellotape的多重用途與能在拿來修補日常用品的特性也使其在戰後的英國迅速受到歡迎。嬌生公司曾經宣傳過自家的Zonas膠帶不只是醫療用，還可以在家中扮演各式各樣的角色，基寧蒙斯跟葛雷把這套說詞拿來小改了一下，聰明地定位Sellotape是新一代的「現代ＯＫ繃」——方便、乾淨、衛生。一九六〇年代，Sellotape被英國包裝集團迪金森·羅賓遜（Dickinson Robinson Group）收購；一九八〇年，Sellotape由《牛津英語字典》收錄，正式成為英語字彙的一員：

名詞

〈集合名詞〉商標名稱

透明膠帶

動詞

（小寫 sellotape）〈及物動詞，後接受詞，分詞可作副詞使用〉

用透明膠帶固定或黏貼

我們上用膠帶貼了一張便條[4]

Sellotape 固然很實用，功能很多，但一整年下來，這產品過半的營收都發生在聖誕節之前的三個月。每年公司在這段期間所累積售出的膠帶長達三十六萬九千公里，主要是大家都會小心翼翼地用膠帶把要送給親朋好友的禮物給包好，好讓收到禮物的至親與摯友可以在聖誕夜用力把包裝紙撕開，然後幾天後等店家開門拿去換別的東西。膠帶超適合包禮物送給不知好歹的親友，但也有些事情不好用膠帶來處理。比方說想把海報掛到牆上，用膠帶就不甚理想，因為牆壁跟海報都可能會遭受到膠帶的摧殘，用大頭針更是不可能，用戳的傷害更大。所以說我們還是需要一樣好撕但又不會留下痕跡，可以好聚好散的東西。

「首創可以重複使用的黏膠」，寶貼（Blu-Tack）的包裝上有這樣的字句。「乾淨、安全，不會乾掉，創意用法達到數千種。」數千種用法？我大概只能想到四種：把照片貼到牆上、不讓裝飾品從架上掉下來、用鉛筆筆尖在紙板上戳個洞時當成臨時的保護墊、即興辦公室雕塑。實在想不出來以後我看了包裝上的說明，原來寶貼的用法還有這些：

> 你可以用寶貼把海報、卡片、圖畫、平面裝飾、地圖、手寫或列印訊息等貼到牆上
>
> 你可以用寶貼把立體飾品、電話固定在桌面上；把照片固定在相簿裡；把螺絲黏在螺絲起子前端；在組裝或素描模型時暫時把某個配件固定在某個地方
>
> 你可以用寶貼去清理布料上的絨毛或鍵盤縫裡的灰塵。

這一小段「老王賣瓜」讓我想到的一個問題是：到底怎樣算「一個」用法？「一個」用法的定義是什麼？卡片、海報、圖畫、平面飾品、地圖、手寫或列印訊息等等，不論你貼的東西是什麼，這都還是只能算一種功能，不是嗎？我研究了寶貼所屬波士膠公司（Bostik）的網站，拜讀了他們的行銷文案，最後終於整理出三十九種用法，確立了這點後我立刻去函業者，請他們務必再提供至少一千九百六十一種用法（這樣才能湊到兩千，勉牆符合「數」千種的廣告說詞）。

幾天後我收到的回覆是「數千種」是沿用二〇〇五年以來的公司用法，同時負責回信的人員

4 There was a note sellotaped to my door

還分享了寶貼一些比較另類的功能如下：

- ◆劍橋大學曾來函詢問寶貼的軟硬度，因為校方用寶貼來固定昆蟲標本的足部；
- ◆萊切斯特（Leicester）醫院的耳外科教授曾來函給我們表示他術後叫小朋友把寶貼當耳塞用，因為這樣效果最好。我們最近也在看到平面報導說寶貼在耳科手術中軋上一角，所以至少對耳朵來說，寶貼確實很多工；
- ◆我們曾經受邀與警方合作推廣用寶貼來固定衛星導航（Sat Navs），這樣才不會在擋風玻璃上留下痕跡供竊賊辨識；
- ◆我們還常被詢問有沒有藍色以外的顏色，包括有一位小姐問有沒有肉色，因為她是急救課的老師，需要把一些東西固定在假人身上。

寶貼的英文名是「Blu-Tack」，但波士膠公司其實時不時會賣起其他顏色的寶貼，包括替「居里夫人癌症關懷基金會」（Marie Curie Cancer Care）做過黃色的版本，以及為英國「乳癌防治運動」組織（Breast Cancer Campaign）做過粉紅色。寶貼本來是白色的，後來是怕小孩以為是口香糖拿去吃，才被染成藍色。一九六九年問世的寶貼做為一種藍色的黏土，已經是居家必備的用品，每一週在波士膠萊切斯特工廠生產出來的寶貼在百公噸之譜。

寶貼的發明看起來是場意外。原本是想用滑石粉、橡膠跟油做出新的密封劑，沒想到實驗失敗的東西竟被發現有其他的用途。至於這場「失敗」實驗是誰做的，副產品的特性又是誰發現的，至今成謎，就連波士膠自己都不知道。二〇一〇年，《萊切斯特水星報》（*Leicester Mercury*）上登了一篇紀念寶貼四十週年的報導，文中問出「寶貼是誰幹的好事？」[5]（Blu-Dunnit?）「寶貼是萊切斯特最有代表性的產品，但發明的卻搞不清楚是誰。如今適逢波士膠要慶祝這黏土的四十歲生日，坊間開始有要幕後功臣『踹共』的呼聲浮現。」

維基百科的寶貼頁面裡把發現此物的功勞歸給了英國漢普郡（Hampshire）一家密封劑業者拉里·邦迪特（Ralli Bondite）公司裡的亞藍·哈洛威（Alan Holloway），還提到一開始這黏土並沒有什麼商機，所以上門來的人都可以隨意參觀。亞藍·哈洛威的名字出現在維基百科頁面上是在二〇〇七年十一月（資料來源不詳），而漢普郡的滑鐵盧維爾（Waterlooville）也確實有家拉里·邦迪特公司，但一九九五年已經解散，員工紀錄早就難以追查。進行原始修改的維基百科用戶代號是Coltrane67，但這代號在維基上的編輯紀錄就出現這麼一次，空前絕後。Coltrane67的背後究竟是不是就是亞藍·哈洛威，或者是亞藍·哈洛威的親戚？至今成謎——Coltrane67或亞藍·哈洛威本人（或者你們根本是同一人）如果看到這段文字，我再找你（們），請務必與我聯絡。

寶貼或許是英國人最熟悉的黏性補土，但其實很多其他品牌也推出過類似的產品。一九九四

5　雙關語，結合寶貼的英文商標名「Blu-Tack」跟英文俚語「Whodunnit?」（誰幹的？）

年，Sellotape 遭波士膠公司提告，理由是 Sellotape 的藍色 Sellotak 產品侵犯了波士膠的智慧財產權。波士膠主張 Sellotape 的黏性補土一樣是藍色，所以拆封後容易跟自家的寶貼弄混。但波士膠並沒有告成，因為法院認定 Sellotak 的藍色一定要拆開才看得到，所以不至於對寶貼的銷售產生影響。只不過 Sellotak 雖然在法庭上打了勝仗，到了市場上卻慘遭滑鐵盧。在美國，俄亥俄州的補土廠商艾默（Elmer）生產了一款陶土材質的黏土叫做「艾默的黏土」（Elmer's Tack）；在歐洲，UHU 開發了一款白色的萬用黏土叫做「Patafix」；在英國，Patafix 搖身一變成了「白黏土」（White Tack），然後 UHU 也在包裝上宣稱有白黏土有「數千種」用途。

我聯絡了 UHU 請他們提供白黏土的用途明細，結果收到了公司代表寄給我這樣的一封信：

> 我用關鍵字「數千種用途」（thousands of uses）上網 google，結果搜尋到十八萬筆資料，全都是宣稱有數千種用途的各類產品與服務。我想這足以說明在英文普遍的用法裡，「數千種用途」只是用來表示一樣產品真的很「多才多藝」（versatile），就像 UHU 的白黏土或「Patafix」一樣。

我想 UHU 顯然沒想到英文形容一樣東西「多才多藝」，那個字不就是「versatile」嗎？

不過除了拿來黏海報以外，黏性補土確實有一樣「特異功能」，那就是拿來當成藝術創作的素材。二〇〇七年，英國溫布敦一位藝術家莉茲·湯普森（Liz Thompson）用四千包寶貼創作了一隻兩百公斤重的蜘蛛塑像，放在「倫敦動物學會」所轄的ZSL倫敦動物園裡參展。或許比不上湯普森的創作講究，但想在家試做容易得多的有一九九三年，馬丁．克里德（Martin Creed）的作品編號七十九（Work No. 79）。克里德在個人網也上形容這項作品是「寶貼拿來揉完後捲成球狀，接著往牆上一壓」而成，同時提到這作品「直徑大約一英吋（二點五公分）」。知名的《斐列茲》（Frieze）藝術雜誌專業地評論這項作品是「染色的黏土材質指涉著牆壁的支撐作用，而作品本身也依靠牆壁的支撐。」；《太陽報》（The Sun）則不留情面地重批「透納藝術獎（Turner art prize）[6]的評審們在耍『寶』，才會把獎頒給這麼『土』的東西。」字字句句都在酸克里德跟他的「寶」貼黏「土」藝術品，因為這作品正是二〇〇一年的透納獎得主。

《太陽報》火力四射，就連寶貼的日常用途也惹到他們。二〇一二年，英國政府的健康與安全執行局在官網的「流言終結者」（Myth Busters）園地裡發表了聲明回應了一種說法，主要是有傳言宣稱蘇格蘭的伯斯－金羅斯（Perth-Kinross）有一所學校經簽約的私人物業管理公司告知「請勿用寶貼把學童的美術作品黏在窗戶上展示，否則會有健康與安全的疑慮」，該公司表示「寶貼中的一種化學成分會與玻璃起反應，容易造成玻璃碎裂」。對此健康與安全執行局在聲明中拍板表示「要禁可以，但寶貼本身應無健康與安全之虞；製造商已在網站上表明產品適於在玻璃上使用。本局

6　透納獎是以英國十八到十九世紀畫家喬瑟夫．馬洛德．威廉．透納（Joseph Mallord William Turner），每年針對英國五十歲以下的視覺藝術家選拔得獎者，爭議不斷。

不認為把學童創作貼在窗戶上供眾人欣賞有什麼問題！」但即使官方都已經把話說得這麼明了，《太陽報》還是不肯善罷甘休，照樣指稱有一名教師「被小精靈跟安全奶奶（safety ninnies）下令不准在教室窗戶上用寶貼——不然玻璃會爆炸！」

之前為了讓波士膠公司提供我「數千種用法」的清單，我曾經跟該公司的寶貼產品經理魚雁往返了幾個月，這位女性經理的大名是蜜雪兒（Michelle）。蜜雪兒最後寫下了這樣的字句給我：

> 重點是——寶貼的產品精神在於樂趣、創意與想像力，我們會用這些字句形容我們的產品。如果本公司真的把幾千種產品的用法都明定出來，那多多少少扼殺了寶貼的魔力。

在這之前，我從來沒想過寶貼這東西有什麼魔力。蜜雪兒其實還是找了南非跟澳洲分公司的同事一起「攢」了二百五十種左右的用法給我，但我沒看，我想讓寶貼的魔力保存下來。蜜雪兒還在信裡送了我一包沒收錢的寶貼，我收在書桌抽屜裡當作珍藏。我打算永遠不用這包寶貼，就將之當作我跟蜜雪兒筆談的紀念，這是任何清單上都不會出現的寶貼用法。

誰把橡皮擦
戴在鉛筆的頭上？

第十章

冰箱上的超文本：黃色的，背後有噴膠的小玩意兒

一九九七年，由麗莎・庫卓（Lisa Kudrow）與蜜拉・索維諾（Mira Sorvino）聯袂主演的好萊塢電影《阿珠與阿花》（Romy and Michelle's High School Reunion）裡有一段劇情，我想我講一下應該不算爆雷，至少這不是故事的主線。阿珠（蜜拉・索維諾）與阿花（麗莎・庫卓）為了同學會回到故鄉，才發現自己在同學中不算混得很好，於是她們決定把自己塑造成事業有成的女強人。有了這想法後，阿珠提議兩人可以對外說她們創了業，有自己的公司，而且賣的還是她們自己發明出來的產品：

> 我在想這個產品，嗯，應該要每個人都聽過，但又沒有人知道發明的是誰。喔，有了有了，我想到了——Post-it！大家都知道 Post-it！

「太好了，」阿花回應說。「妳說 Post-it，是那種黃色的小玩意兒，背後有噴膠的東西，對吧？」很可惜他們沒有騙到任何一位同學，沒人相信 Post-it 是她們發明的，但最終她們發現彼此間可貴的情，也了解到友誼比別人的想法重要，然後最後是喜劇收場，因為戲裡艾倫・康明（Alan Cumming）所飾演喜歡阿花的角色發明了某種鞋用的橡膠——應該是啦我也記不太清楚了。

便利貼如果不是阿珠跟阿花發明的，那是誰發明的？

一九六六年，史賓斯・希爾瓦（Spence Silver）以高級化學專員的職稱加入了3M公司的研發實驗室。希爾瓦是亞利桑那大學的校友，主修化學，之後還在科羅拉多大學拿到博士學位。他所加入的團隊從事壓力感應式黏著劑的研發，目標是做出黏性足以附著在接合的兩個表面上，但不需要的時候撕起來又要很順手的產品ＯＫ繃，畢竟狄克・德魯（Dick Drew）的經驗說明了膠帶跟自己「難捨難分」不是件好事。一九六八年，在隸屬於3M「黏著劑聚合物」（Polymers for Adhesives）研究計畫的一次實驗當中，希爾瓦改變了作為研究對象的黏著劑配方，他後來接受金融時報訪問時的說法是：

> 我把作用為讓分子聚合物化的化學反應劑（chemical reactant）增量到建議值以上，結果令人詫異。分子非但沒有溶解，產生出的小型粒子還散布在溶劑中。這真的是件新鮮事，我於是起心動念把相關的實驗繼續做下去。

上述的粒子形成了微型的球體，而也正因為球型的關係，這些粒子只會跟目標表面的小部分面積產生接觸，也就是只會產生很弱的黏性。對於想做出強力黏膠的企業而言，這樣的發現真的是沒什麼用處。這種新型的弱黏著劑還有一項特性，那就是「不挑」（non-selective），不挑的意思是你拿這種黏著劑去把兩個表面黏起來再分開，很難說這黏著劑會跑到哪一個表面上，兩邊的機率基本上一半一半。希爾瓦覺得這種新物質實在太妙了，他相信這東西有天會有出息，只是這出息到底是啥他還沒想到。

3M公司成立於一九〇二年，創立之初叫做「明尼蘇達採礦與製造公司」（the Minnesota Mining & Manufacturing company）誕生的契機是一位探勘礦脈的埃德・路易斯（Ed Lewis）在美國明尼蘇達州的杜魯斯（Duluth）發現了剛玉（corundum），反正他是這麼信了。剛玉是一種高硬度的氧化鋁，可在製造業中當成研磨料使用，因此當時身價不斷攀升。於是亨利・布萊恩（Henry Bryan）、J・丹利・巴德博士（Dr. J. Danley Budd）、赫曼・愷勃（Herman Cable）、威廉・麥可剛納格（William McGonagle）跟約翰・杜萬（John Dwan）這五位在地的經商者合開了這家公司，希望能把路易斯的發現轉化成金錢。

可惜他們的如意算盤有兩個缺憾。首先，他們還在思考著要如何把剛玉拿去加工成砂輪（grinding wheel）或砂紙的時候，一個名為艾德華・艾契森（Edward Acheson）的人已經發明出一種人造的剛玉替代品叫「金剛砂」（carborundum；碳化矽砂），導致剛玉的價格重摔。再者，搞了半天，路易斯的發現是一場烏龍，他找到的根本不是剛玉，而是低等級的斜長岩（anorthosite）——斜長岩乍看之下很像剛玉，但強度不足以當成研磨料來使用。

還不知道杜魯斯的剛玉礦搞了個烏龍，這五個人大興土木蓋了砂紙工廠。沒想到礦區好像挖不太到剛玉，於是他們只好改用石榴石（矽酸鹽）。然而，美國國內又找不太到石榴石的供應商，他們又只好從西班牙進口次級貨。一九一四年，開始有人向3M抗議他們家砂紙上的研磨料才用幾分鐘就掉。3M一開始也不了解問題出在哪裡，後來他們仔細研究了一下當成原料的石榴石，才發現上面怎麼有油，研磨料沾上油當然完蛋。再進一步深究後，3M發現最近有批從西班牙進的貨剛好跟橄欖油同船，再加上海象顛簸，結果有些裝橄欖油的桶子破裂，油就這樣流到石榴石上。這次的教訓讓3M了解到他們必須想新的辦法來確保原料的品質，於是在一九一六年，公司建立了旗下第一座實驗室，踏出了以新式黏著劑的研發來提升產品品質的第一步。

一九二一年，墨水製造商法蘭西斯・歐基（Francis Okie）寫了封信給3M，請3M提供砂紙顆粒的樣本，以利他從事手邊的研發工作。接到這燙手山芋的3M相當猶豫，一方面怕歐基不知何來歷，提供樣本可能會變相「資敵」，但同時間3M也對歐基來信動機非常好奇。於是3M決定把歐基找來開會，看看他到底在搞什麼鬼。歐基解釋說他研發出一種新的製程來生產防水砂紙，而3M的反應不是有償把砂紙顆粒提供給他，而是把他發明的製程買下來，順便請他來實驗室上班，繼續從事相關研究。就這樣，歐基開發出的「WetOrDry」（乾溼兩用）防水砂紙成了公司首樣大賣的產品，同時間接造就了3M日後對黏著劑的涉獵。

要參加高中同學會的阿珠與阿花一邊開車回亞利桑那，一邊針對要怎麼解釋自己發明了便利貼開始腦力激盪。阿珠想像自己跟阿花是一對廣告經理，正在構思如何對客戶簡報，結果研究到一半迴紋針沒了。「ＯＫ，」阿珠對阿花說，「我在想，這樣好不好，嗯，那個，假設這張紙上面有黏膠，那然後我把這張紙放到另外一張紙的上頭，這樣紙就會黏上去，迴紋針就不用了，妳覺得如何？」阿花聽得津津有味，於是阿珠開始添油加醋。「然後假設妳的，嗯，阿公好了，還是叔叔也可以，他開了一家公司賣紙，或者是開了家紙廠，總之他對紙很有興趣，然後這後頭就可以接到歷史上的今天了。」在阿珠的想像中，便利貼的發明符合基本的邏輯：發覺問題（阿珠阿花的迴紋針沒了），然後想辦法解決問題（在紙片後面塗一點膠水）。但真相是便利貼的發明跟她們想的剛好顛倒。史賓斯．希爾瓦日後曾寫道：「我發現的，是個在等待問題的答案。」

在誤打誤撞的發明出現後，希爾瓦持續花了許多年的時間試驗各種配方，也測試不同的靈感，目的是希望找到適當的應用來匹配這個獨特的發現。」他把東西拿給同事看，甚至還開研討會來對外界解釋這種膠的特殊性質。起初他想到可以把這種膠做成噴霧狀，噴在需要短時間展示的紙張或海報背面，要不他想到大一點的布告欄可以用這種膠去「包膜」，然後各種備忘錄或便條就可以往布告欄上黏。這些發想都ＯＫ，但瓶頸仍在於這種膠實在太「不挑」，所以應用受到相當的限制——你用它去貼海報，撕下來牆上就會留下殘膠。

出席希爾瓦研討會的有一個是3M的同仁，名叫亞特．弗萊（Art Fry）。弗萊任職3M的膠帶部門（Tape Division），新產品的發想也屬於他的職責範圍。業餘弗萊相當熱中在地的唱詩班活動，某兩晚聽完希爾瓦介紹自己的發明後，弗萊在詩班練習時踢到了鐵板，主要是他用來標示詩歌歌本的紙片一直掉出來。要是有什麼有點黏又不太黏的膠水可以用來固定這些頑皮的紙片，那就太幸福了。於是弗萊跑回去跟史賓斯要了一點他的新玩意，沿紙片的邊緣細細塗上一條，完成了他的簡易版書籤。結果這自創書籤超好用，只是用完還是會在歌本內頁上留下黏漬。為此弗萊自行研發了一種「底漆」（primer）預塗在歌本上，書籤走過就不再留下痕跡了。弗萊把自己做的書籤拿去給同事看，結果大家反應相當之冷淡。有天弗萊在辦公室裡弄了一份報告要給主管過目，裡面有些重點需要主管特別留意，於是他隨手拿了一張自己的書籤，把要老闆注意的地方簡述在上面，然後往這份報告上一貼。主管閱畢也拿來一張弗萊的書籤把自己的意見交代在上面，然後也往需要修正的段落旁邊一貼。看到主管這樣的反應，弗萊腦中馬上鈴聲大作——便利貼的雛型於焉誕生！

看到3M一直以來是如何地命運多舛，如何靠創意撐過一連串的挫折與失敗（傻瓜剛玉、人造剛玉、石榴石沾到油），最後闖出名號還不是以採礦本業的身分，而是被當成一家黏著劑廠商，我想也就不難想像創新在3M的企業文化中有多麼地核心。就是因為有這樣的根深柢固的創新基因，李察・德魯（1899-1980，Richard Gurley Drew）才會在他應該做砂紙的時候跑去研究膠帶，希爾瓦才會才會耗費這麼多的精神在沒用的黏膠上。3M高舉的「十五趴」原則（15 Percent Rule）意思是員工可以用一部分的時間去研究本份以外的課題，這背後的想法是，自由的創意可以帶領員工超越期限與業績，讓他們看到原本看不到的新發明，由此公司也鼓勵員工跨部門，跨領域合作。「3M的員工是一群創意的結合，我們不會把任何一個靈感棄如敝屣，因為很難說誰什麼時候會需要這樣一個靈感。」弗萊曾經這麼說過。就拿便利貼來說吧，這點子後來就變成了一個成功的商品。不過話說回來，弗萊雖然因為跟主管的互動而看到可能的應用，但這時公司內部對希爾瓦的發明還是興趣缺缺。

堅信自己的靈感可以成功，弗萊開始在家裡的地下室組裝生產便利貼的機台。但原型機成功做出來以後，問題又來了，這一次是機器太大出不了家門。為此弗萊先拆掉了門，然後拆門框，最後連牆壁都打掉一些才讓機器得以從自宅移駕到3M的實驗室。有了機器，他終於可以開始生產樣品，有樣品才能說明產品概念。可以說沒有當時的樣品，就沒有現在到處都是的便利貼。

問題就出在要說服人這東西有用，絕非易事。對沒聽過也沒用過的人來說，便利貼的概念其實有點沒意義。把紙片的某一邊塗上窄窄一條弱黏性的膠，聽起來很無聊。但只要你用過一次，你就會立刻知道其中的奧妙。所幸弗萊的老闆傑夫・尼可森（Geoff Nicholson）對便利貼有信心，也鼓勵弗萊繼續鑽研。尼可森甚至還幫忙發樣品到3M各部門。話說互發樣品的習慣在3M裡行之有年，收到的人也都很開心（免錢的誰不愛），但便利貼的情況稍有不同。尼可森的秘書開始收到如雪片般飛來的請求，全部都是要索取便利貼的試用品。但即便秘書的桌子都被淹沒了，3M的行銷總監還是懷疑便利貼的市場潛力。大家真的會花錢買這樣的東西來取代唾手可得的廢紙嗎？終於，來要便利貼的請求實在太多，尼可森的秘書崩潰了，她跑去找老闆攤牌說：「你請我來是當秘書，還是做搬運工？」尼可森讓她把所有的請求都轉給行銷總監，這次換成總監的辦公桌被塞爆，他也只好相信便利貼的潛在商機。

很不幸的，在一九七七年便利貼的首波試賣中，消費者的反應也跟行銷總監一開始一樣遲疑。當時命名為「壓與撕」（Press n'Peel）的便利貼選了四個城市試賣，四個點都不及格。尼可森親自跑了其中一座城市想看看問題出在哪兒，結果一樣是大家希望能先試用看看才願意買。一九七八年，在執行長路·雷爾（Lew Lehr）的支持下，3M派了一組人前往愛達荷州的小鎮波伊斯（Boise），無上限發放樣品，這在公司內部上有「波伊斯閃電戰」（Boise Biltz）的美名。結果試用過的人當中有九成表示願意買這時已經正名為「Post-it Note」的便利貼[1]。這替便利貼在3M心中打了一劑強心針，終於在一九八〇年，公司正式砸下廣告預算在美國全國發售便利貼。

Post-it 上市過程中的一波三折，對二〇一〇年的「天降百萬」（Million Dollar Money Drop）節目製作人造成了一些困擾。當時參賽者蓋伯·歐柯耶與布蘭妮·梅特被問到下列哪一種劃時代的產品最先上市：新力的隨身聽、蘋果的麥金塔個人電腦，抑或是3M的便利貼。歐柯耶跟梅特回答便利貼，結果被說錯（隨身聽上市那年是一九七九）。歷經網路上群情激憤，節目的製作單位終於邀請這對（夫妻）參賽者回來，可惜他們還沒來得及上演夫妻版的復仇記，這節目就被砍掉了。

美國全境開賣後，Post-it終於在自希爾瓦發明算起的十二年後大賣，幕後推手包括弗萊跟希爾瓦都於日後進入3M的企業名人堂。Post-it「利貼」系列如今包括十六種不同規格的產品，當中包括書頁標籤（Page Marker）、布告欄（Bulletin Board）跟畫架板（Easel Board），顏色多達數十種。阿珠在跟阿花交代兩人「發明」便利貼的過程時，阿花其實有點不爽，因為阿珠好像把所有的功勞都攬在了身上。「OK，這樣，我們可以說妳是，那個，設計師。就是說想到『Post-it』的是我，決定用黃色的是妳。」阿珠覺得這是很理想的折衷。不過事實上，Post-it之所以是黃色，並不是出自於誰的深思熟慮，而跟便利貼的出現一樣是個意外。「實驗室裡剛好剩下一些黃色的碎紙，」尼可森是這麼跟《衛報》（*The Guardian*）說的。

雖然其他公司很快就跟進推出自家的便利貼，包括我最欣賞的「Switch Note」——SUCK UK所生產的這種便利貼在中間挖了個洞，方便人把它套在電燈的開關上，但3M的Post-it的傳奇地位始終難以撼動。《慾望城市》（Sex and the City）有一集演到凱莉把米蘭達、夏綠蒂跟珊曼莎約出來說男友柏格跟她分手了，但凱莉沒有說：柏格用「便利貼」跟我分手，她說的是：柏格用「Post-it」跟我分手。阿珠與阿花如果說她們發明了「便利貼」，可能同學們聽了會更沒感覺，一定要說她們發明了「Post-it」才有效果。就像「Pritt Stick」之於口紅膠或「Sellotape」之於透明膠帶，「Post-it」已經

1　3M在台灣目前註冊商標的品名是「利貼」。

不只是便利貼的代名詞，而已經扶正成為便利貼的學名了。

Post-it 的魅力所在非常簡單，有它在我們比較不會忘記事情。財報上可以貼，廚櫃也可以貼，Post-it 是我們工作與生活上的好幫手。Post-it 的形狀與輪廓映入眼簾，我們就會想要去買鮮奶或回電郵。丹尼爾・沙克特（Daniel L. Schacter）在《記憶七罪》（*The Seven Sins of Memory: How the Mind Forgets and Remembers*）一書中引用了美國記憶比賽冠軍塔媞安娜・庫利（Tatiana Cooley）的話說她平日相當心不在焉，忘東忘西。「Post-it 是我的命」，這是塔媞安娜的用語。

正因為 Post-it 可以無止盡地貼了再貼，讓使用者有很大的彈性，所以很多作家都以之來從事情節的規劃。二〇〇七年，威爾・塞爾夫（Will Self）接受《衛報》訪問暢談自身的創作過程。他說自己的書「萌芽於筆記本，轉植到 Post-it，然後 Post-it 又會跑到牆壁上。」故事大功告成後，塞爾夫會把所有的 Post-it 從牆上撕下來，收藏到剪貼簿裡（我沒辦法丟東西）。觀察到這等使用上的彈性與其連結資訊的能力，寶拉・安特納利（Paola Antonelli）以紐約現代藝術博物館（Museum of Modern Art）的建築與設計策展人之姿，在二〇〇四年的「低調傑作」特展（Humble Masterpieces exhibition）中納入了 Post-it，並形容 Post-it 是「冰箱門上的超文本」（hypertext on a refrigerator door）[2]。

好容易讓大眾體會到 Post-it 的妙用後，人類進入了電腦時代，但我們還是可以在電腦螢幕上看到 Post-it 熟悉的身影。在微軟 Excel 裡點一下右鍵，你會看到一排選項裡的「插入註解」（comment）還是用黃色小方形當圖示。但這還是客氣的，大剌剌坦露與便利貼關係匪淺的科技產品除了 3M 本身的 Post-it Digital Notes 以外，還有蘋果的 Stickies 跟微軟的 Sticky Notes。不過科技與便利貼最常見的交集簡單到出奇，那就是很多人愛把便利貼網電腦螢幕上一貼。

如果把Post-it的存在想成只有實用功能上的意義，倒也失之公允，畢竟Post-it偶爾還是可以很藝術的。二〇〇一年，加州藝術家芮貝卡・莫陶（Rebecca Murtaugh）用數以千計的Post-it貼滿自家臥室，不放過任何一面空間，成品就是她命名為「臥室重要空間標示：一號」（To Mark a Significant Space in the Bedroom #1）的裝置藝術。作品中不同顏色的Post-it代表不同的價值，經典的金絲雀黃象徵價值較低的區域，像是牆壁或天花板；明亮的螢光色則專屬於她鍾愛的個人用品。在紐約時報上，莫陶對這項裝置藝術的自評當中，她剖析了自己對於Post-it的「迷戀」：

> 它們有各種顏色，很美；它們的存在有意義，但這意義因人而異：有時候它是張便條：「我會回來（吃飯）」，有時候上面記著電話號碼。但不論上面承載的資訊有多重如泰山，便利貼本身永遠是輕如鴻毛而虛無飄渺。壽命如此有限的這東西上面記錄了可能無價的資訊，產生了一種二元對立：這紙可能隨手就丟了，但上面的東西可能經不起丟。我創作這個作品，初衷是想要把重要的空間標示出來，但不是像在書裡夾張便條那樣，我想標的是整間房。

2　網路時代中，透過超連結（hyperlink）得以產生連結的文本與資訊稱為「超文本」，多以電子檔案形式存在。

莫陶始終把Post-it當成是創作的素材，而不把它的原本的功能當一回事。「我不想浪費東西」，她說。

誰把橡皮擦
戴在鉛筆的頭上？

第十一章

就這麼「訂」了：你會換工作，但訂書機會留下

要比誰把現代的辦公室環境描述得更細膩，尼可森·貝克（Nicholson Baker）的《夾層》（*The Mezzanine*）絕對是當中的佼佼者，少有其他小說能夠出其右。在書中某段優美的文字裡，無名的主角形容了自己為了裝訂一份厚厚的文件，而把訂書機「雷龍（brontosaurus）頭部般的長臂」給壓下去的時候，那種可以分成三段的興奮心情。首先，開始施力在訂書機的壓臂上，你會感受到「讓壓臂得以『抬頭挺胸』的彈簧阻力；第二階段是訂書機的「門牙」會「一頭陷進紙張，用蠻力迫使訂書針的兩點刺穿紙面」。最後是第三階段：

> 讓人有感的一聲擠壓，就像冰塊一口咬下，然後就看到訂書針的兩枚犄角穿出紙張的下方，在訂書機底座上的模型凹槽上內彎成彷彿螃蟹雙螯環抱的形象，落腳在你的資料上。最後訂書針完全脫離訂書機，雙方各奔東西。

小說裡的主角然後提到很多人相信都不陌生的夢魘，那就是歷經了三個階段，「手肘鎖死，呼吸停止」的我們才赫然發現訂書機是空的。「這麼穩定，這麼按部就班的東西，怎麼也會背叛你？」訂書機或許不會一眼就讓人有浪漫的感覺，但貝克這段關於被空包彈「背叛」的描寫證明了一件事情，那就是人對這類東西是有感情的。

我們喜歡「穩重而實在」，所以我們對訂書機有感情。看到訂書機的金屬手臂跟彈簧，東西感覺比書桌上的原子筆跟鉛筆都複雜得多，機械結構存在令人無法完全理解之處，於是乎一股景仰之情油然而生。加上訂書機的「彈藥」用完可以補充，不是拋棄式的東西，所以產品的壽命往往長於桌上的其他文具（我相信比起換訂書機，很多公司還更常換電腦吧）。事實上，訂書機不僅比其他文具撐得久，也比不少公司職員待得久。你會換工作，但訂書機會留下。你走了，訂書機會被收到文具櫃裡，等待跟新主人重新培養感情。只不過時不時訂書機跟人的感情會強到過分了點，上班族會難以接受跟訂書機的緣分隨著雇傭關係一起結束。Rexel 於二〇〇一年發表過一篇調查，內容提到「在近期的金融風暴當中，很多冗員都會在離開時順手帶走訂書機，因為他們認為訂書機是配給他們的財產。」

說到把訂書機當成自己的禁臠，那就不能不提一下一九九九年《上班一條蟲》（Office Space）裡的米爾頓。在伊尼科技（Initech）上班的米爾頓得知老闆要把訂書機的品牌從 Swingline 換成波士頓，史蒂芬·魯特（Stephen Root）扮演的米爾頓緊握自己的紅色 Swingline 完全不想放手：

> 我留著 Swingline，因為它一次只能訂薄薄一層，我也還留著 Swingline 的訂書針，所以我不能接受這改變。如果他們要把 Swingline 帶走，我就放火把這棟樓給燒了。

事實上，這部電影在拍的時候，Swingline 並沒有生產電影裡米爾頓誓死捍衛的亮紅色訂書機。如今隸屬於 ACCO 集團的 Swingline 品牌由從小自俄羅斯移民到紐約的傑克·林斯基（Jack Linsky）創立。十四歲的時候，林斯基開始在一家文具供應商打工。後來他自立門戶做起批發生意，開始會出差到德國拜訪訂書機工廠。他覺得當時市面上的訂書機都有再改進的空間，包括外型上應該要更流線化些。無法說服任何一家德國廠商的他於是開了一家屬於自己的「派洛特快速裝訂器材公司」（The Parrot Speed Fastener Company）。成立之後，公司發展出了一種「上載式的裝訂機器」，號稱「既實用又有效率」，而且這是第一次有訂書機可以讓人從上面打開補充訂書針，或者是排除折彎或損壞的訂書針。林斯基的夫人貝兒（Belle）建議以「Swingline」給這種新品命名；一九五六年這產品實在太受歡迎，公司索性也改名叫 Swingline。

Swingline 除了常見的黑色跟灰色產品（比方說像 Tot 50 跟 the Cub 這兩種型號），也確實生產過紅色的訂書機，但早在《上班一條蟲》製片（production designer）艾德華．T．麥可沃伊（Edward T. McAvoy）想要找一個來用之前，紅色的 Swingline 就已經停產多年了。在《上班一條蟲》的導演麥可．賈吉（Michael Judge）的設想中，亮紅色的 Swingline 可以在大螢幕上與辦公室小方格的單調與無聊產生強烈的對照，問題是這樣的訂書機太古老，坊間已經找不到。於是麥可沃伊只好隨機應變，來個動動腦。他撥了電話給 Swingline 公司，問他們可否把現有的 Swingline 拿來噴漆。公司答覆同意，結果可說皆大歡喜（特別對公司本身來說是個好消息，事情的發展可謂利人利己）。取得原廠首肯後，麥可沃伊帶著 Swingline 跑去汽車保養廠，讓師傅幫忙把訂書機噴上櫻桃紅色的烤漆。

電影推出後沒有馬上大紅，但時間久了倒也累積了一群死忠追隨者。粉絲會追著史蒂芬．魯特（Stephen Root）要他替訂書機簽名，也有人自己把訂書機拿去噴漆，更有人打電話到 Swingline，想知道哪裡可以買得到電影上的紅色訂書機。

千呼萬喚下，Swingline 終於在二〇〇二年推出超閃的櫻桃紅色 Swingline，型號定為「747 Rio」。「我們生意做了七十五年，這還是第一次暴紅」，Swingline 董事長布魯斯・尼波爾（Bruce Neapole）在產品上市後不久對《華爾街日報》（*Wall Street Journal*）這麼說。在 747 Rio 大受歡迎後，Swingline 一改幾十年來只想推安全的黑色或白金色調產品，以及只想跟大公司拿到大訂單的想法，從他們口中「樂於表達的客戶」（expressive consumer）身上看到了新的商機。Swingline 的官網上開始徵求這些客戶跟訂書機在另類地點拍下的照片，請他們投稿過來；網站喊出的口號是「愛要說出來」（Share your love），一旁紅色訂書機的照片有在樹上的，有在非打檔摩托車上的，有在冒蒸汽的浴缸旁的（訂書機還啜飲著雞尾酒，搞得我竟然羨慕起訂書機了。）

在現代訂書機的演進中，Swingline 於一九三九年推出的上載式訂書機是一個里程碑，因為這讓「辦公室裡的員工可以輕鬆放進一排訂書針」。但我們今天習以為常的上載式訂書機之所以能夠成形，是因為訂書針的生產首先出現了變革，特別是「膠裝」或有人形容為「凍」起來的整排訂書針。對感覺被空包彈背叛的尼可森・貝克（Nicholson Baker）而言，這種發明提供了他一點點安慰：

> 把訂書機的壓臂掀開，讓一長串像琴弦排列的訂書針放好就定位；然後邊跟人講著電話，你可以把玩其他放不進去的排針，掰成一小排一小排，讓針與針靠著膠藕斷絲連，命懸一線。

早期的訂書機並不接受整排的訂書針。事實上，早期訂書針只能一次放一枚到訂書機裡面，用完一枚就得再換一枚。艾爾伯．J．克萊茲科（Albert J. Kletzker）於一八六八年取得專利的產品算是甚為早期的訂書機，而專利書裡自稱用的是「迴紋針」（paper clip），而不是訂書針。但千萬不要想到我們現在用來夾份薄薄的文件，兩頭圓圓挺可愛的Gem迴紋針，克萊茲科所用的是個猙獰的猛獸，這金屬的「迴紋針」或「固定夾」（fastener）在使用時會被置於兩條面向天際、狀如利牙的導軌之間，要被「處理」的紙張會放在導軌上，然後操作壓桿把紙往下一壓，尖牙般的導軌就會代替「固定夾」刺穿紙張。接著壓桿鬆開後，「固定夾的兩頭尖點得用手向內彎曲，然後再操作一次壓桿讓連動的機構迫使固定夾的尖點向下緊緊地壓制住紙張，至此整個裝訂的過程算是完成。」從這樣的描述看來，這個裝置的作動就像是台上下顛倒的訂書機，如果現代的訂書機是以針就紙，這台裝置就是以紙就針。事實上從頭到尾，克萊茲科的「固定器」，也就是訂書針，都是處於完全的被動，比方說是導軌先把洞刺出來，紙張才下壓。訂書針腳還得手動向內折彎。話說第一台能夠同時訂書針插入並夯實的訂書機專利出現在一八七七年，申請者是亨利．R．海爾（Henry R. Heyl）。他的產品設計跟克萊茲科大同小異，但在訂書針通過紙張的同時，針腳會一併向內折彎。

海爾的產品設計固然讓人為之眼睛一亮，但第一台在市場上取得成功的桌上型訂書機是由喬治．W．麥基爾（George W. McGill）在一八七九年取得專利（他做訂書機顯然比做各式各樣、五花八門的迴紋針高明）。麥基爾的設計跟早期最大的不同就是以針就紙而非以紙就針，由此整個裝訂的過程就可以「連續而同時」，不需要第二次操作，於是乎這台機器就以「麥基爾的專利單動壓訂機」（MaGill's

Patent Single Stroke Press）之名傳世。這台單動壓訂機比起以往的產品都來得便利，但訂書針還是需要一次放一枚。一八七七年，丹尼爾・索莫斯（Daniel Somers）研發出一款訂書機配備有「送針滑軌」（feeding slide），裡頭可以儲放一個訂書針匣。這樣的設計明明相當聰明，但索莫斯的心血結晶並不如麥基爾的單動壓訂機受到市場歡迎。如果說麥基爾的單動壓訂機是錄影機時代的大帶（VHS），那索莫斯的產品就是小帶（Betamax）。

早期的訂書針匣裡的訂書針是用木質或金屬核心串起來販賣，但針與針之間還是散的，所以裝填的時候很容易卡住。這樣的設計慢慢被連續的一整條訂書針取代，訂書針之間以一條金屬「脊梁」連結。訂書機在下壓的時候，內建的一道刀票會把這脊梁劃開，讓個別的訂書針恢復自由，發揮作用。但這樣的過程相當費力，所以用來連結整條訂書針的材質從金屬換成黏著劑。從一九二四年的波司的屈一號（Bostitch No.1）到二十一世紀的現在，訂書針的「膠裝」方式基本未變。訂書針在鐵線的階段會微微地「打薄」，目的是讓訂書針在肩並肩的時候產生高低起伏，其中淺淺的山谷就可以讓膠有容身之處，整排訂書針也就可以團結在一起。

古早的訂書針在裝填的時候，要特別注意訂書機跟訂書針的規格相不相容。現代的訂書機基本上可以做到海納百川，不管什麼來歷的訂書針都基本可用，但這樣的標準化其實有很長一段時間並不存在，曾經每家廠商的訂書機機種與大小都是各行其道，而這給零售商跟消費者添了很多麻煩。對零售商而言，他們備貨必須要非常齊全；對消費者而言，想找到所需的訂書針非常傷眼。於是乎在這樣的局勢發展下，標準化的發展應運而生。顧名思義，推出於一九五六年的 Rexel 56 系列提供不同價位的選擇，但同系列的所有訂書機都採用相同規格與尺寸的訂書針。這套系統憑藉著單純與便利的特性橫掃市場，直到今日都還是訂書機品牌裡的王者。

訂書針的規格由兩個數字構成，第一個數字代表訂書針的「線徑」（常見的有26跟24，26比24細），第二個數字是「針徑」或說「針腳」的長度（通常是六公釐，〇．六公分）。辦公室裡最常見的訂書針規格是「26/6」，而這個規格也被稱為「五十六號」（No. 56），因為這就是Rexel 56系列訂書機／針的規格。訂書針的規格固然漸次標準化，但品質依舊有差，所以訂書機上會印有警語說：本產品僅適用正版「BRINCO」品牌訂書針，他牌可能造成機身阻塞」或「非使用正版Rexel Junior No.46訂書針，恕不保固」。廠商典型想要「整碗捧去」的作法是會恐嚇客人不可以把對手的訂書針用在自家的訂書機裡，同時又要把自家的訂書針推銷給用他牌訂書機的客人，所以訂書針的包裝盒上都會印有規格相容各種訂書機品牌——適用：威樂式史普萊特（Sprite）訂書機／威樂式即飛（Jiffy）訂書鉗／小彼德（Little Peter）訂書機、快速Swingline托特訂書機（Speedy Swingline Tot）／泰頓好朋友小型訂書機（Tatum Buddy Junior）。

在波司的屈（Bostitch）膠裝訂書針條問世之前，早期訂書機所搭配的訂書針要比現在大上一號，所以訂上去難，想拿掉也很難。但好玩的是這問題真正有辦法解決時，訂書針已經普遍變苗條了。這有一種解釋是早期的訂書針粗到非得用鉗子去拔不可，而鉗子早就有人發明了，反倒是「瘦了」的訂書針讓人有想用手去拔的衝動，我們會覺得可以把指甲從「門縫」下插進去，感覺好像這樣就拔得起來。但當然我們都知道事情沒有想像中的簡單，用指甲不僅痛，而且沒用。

一九三二年，芝加哥的威廉・G・潘柯寧（William G. Pankonin）提出了專利申請。他發明的「訂書針移除工具」可以讓人「快速地把訂書針或類似的裝訂器材從紙上拔除下來，但不會撕裂或損壞紙張。」潘柯寧的設計類似小鉗子，用的時候也是讓鉗爪的尖端鑽進訂書針腹底下；拔起來的時候，紙張背面的針腳會「順著紙面移動」，邊走一邊被拉直。後進的設計——如一九四四年法蘭克・R・克提斯（Frank R. Curtiss）的版本，會更像我們今天熟悉的除針器模樣，包括放手指的「翅膀」，跟像利齒的鉗嘴都一應俱全。基本元素都到齊之後，除針器就數十年不曾有多大的改頭換面了。

我書桌上收藏了一小批二十世紀的訂書機，大致按照年代排列，每十年一個。看著這些訂書機，就彷彿走進了時光隧道，你會看見工業設計史在你眼前濃縮閃過，只見東西由厚變薄、由大變小、由暗變亮、由直來直往變成曲線玲瓏，同樣時間跨度的除針器就沒有這種效果。訂書機的設計會追隨時尚，而除針器好像就沒必要這麼「厚工」。訂書機是你倚重的左右手，會常駐你的書桌，他們是你桌上的一片風景，所以要講求美麗。相對之下，除針器沒存在感又不常用，只能低調地蟄伏在抽屜或櫥櫃裡。時不時會有想玩創新的廠商拿除針器的利齒狀「鏟片」來做文章，他們會把除針器做成鱷魚或蛇頭的造型，但這樣的成品並不見容於不苟言笑的辦公空間裡。

要讓除針器完全無用武之地，一個辦法是文件不要用「訂」的，而改用「別」的。普遍來說，訂書針腳都是內八（向內彎），因為這樣最牢靠。但只要旋轉「砧面」（anvil face）的方向（訂書機底下通常有一個小小的按鈕可以調整），針腳訂起來就會雙雙朝外，這樣呈現出來的感覺就會很接近大頭針，用手移除變得非常容易。不過這樣還是有人不滿意，才兩種選擇（要麼內八要麼外八）實在太少了。

所幸除了開發出除針器以外，威廉・潘柯寧還改良了訂書機的砧面讓使用者選擇更多。一九三四年，潘柯寧推出了「裝訂器材專用砧面」（Anvil for Stapling Devices）來取代標準的雙向型砧面。這種新的砧面有左右獨立的模型（die）或底座（seat），分別跟訂書針的兩隻腳配合使用。這兩個底座可以獨立旋轉指向多個不同的方向，所以你可以讓兩隻針腳一個朝內一個朝外，形成一個勾狀，也可以讓兩隻針腳一個朝前一個朝後，形成 Z 字形。又或者兩隻針腳可以都朝內——跟傳統作法一樣，抑或讓兩隻腳劈腿朝外——形成潘柯寧所謂「劈腿兄，想抽腿隨時可以抽」，話說有沒有這麼像《繼續啊》（Carry On）系列電影[1]對話的專利書內容啊？這樣的彈性固然讓人耳目一新，但還是不太能掩蓋這樣的調整意義不大的事實。

標準的 26/6 或 24/6 桌上型訂書機已可以滿足大部分的辦公室工作需求，但總是有你想要玩大一點，用力一點的時候。早年的電動訂書機，以一九三七年獲得專利的波司的屈電磁裝訂機型號四（Bostitch Electromagnetic Fastener Model 4）為例，就是金屬臂一條連著馬達一顆，下壓作用在「標準型的桌上型訂書機」上，操作時以腳踏板控制。一九五六年的 Bostomatic 自動訂書機本體也是一台標準型的波司的屈桌上型訂書機，差別在人只消把紙往裡頭塞，靠住「羽量級觸控開關」（featherweight touch switch），機器就會自行啟動運作。現代設計給辦公室或居家使用的電動訂書機可以把七十頁的東西訂在一起，特殊規格的匣子可以容納超過五千枚訂書針。

要在電動與手動訂書機間找到一種妥協，那就得提像 PaperPro 神童（Prodigy）這類的「省力」型訂書機。PaperPro 之所以用起來比標準型的訂書機省力，是因為裡頭運用了彈簧機制——公司的說法是神童訂書機訂二十頁的文件只需要耗費七磅的力量，標準型產品則需要三十磅。「想把二十張紙訂在一起，你只需要一根手指」，生產 PaperPro 牌訂書機的 Accentra 公司執行長陶德・摩西斯（Todd Moses）在接受《時代》雜誌訪問時說，「小拇指就夠了。」這聽起來很值得拍拍手，但也不是每個人都買帳。就像一樣接受《時代》雜誌訪問的 Swingline 副總裁傑夫・艾克柏格（Jeff Ackerberg）所說：「把訂書機做得更省力，是一種人性，但用小拇指則否。」

用小拇指不符合人性，那訂書針呢？如今市面上的無針訂書機訴求環保與垃圾減量，網路上的廣告詞說這產品可以「一道工夫便能把紙張切開回折，不需要金屬訂書針」，一樣可以把紙張束在一塊——文件上會同時割出另外一道細縫來接受回折的紙。這個聽起來滿神奇的設計其實已經一百多歲了。早在一九一〇年，喬治・P・邦普（George P. Bump）就申請過專利給一個把紙張集束在一起的設計，當中提到原理是「由上而下在文件上壓切出一條『紙舌』，然後讓這道『紙舌』折返塞進另於舌根後面割出的一道細縫，如此文件便可以由屬於自身一部分的紙舌綁縛在一起。」如今看來，無針訂書機的賣點是救地球，但當年這點子訴求的是救荷包（「『實際操作 vs. 理念原則』（Practice vs. Precept）——政府一手打著旗號要『節約度日』（THRIFT），另一手卻掏錢採買邦普（BUMP）訂紙器（paper

1 英國喜劇，整個系列包含一九五八到一九九二年間的三十一部小製作電影、三部電視聖誕特別篇、一個共演出十三集電視影集，乃至於在倫敦西區（West End）與鄉間的舞台劇版本演出。分類上屬於傳統一派的英式幽默，延襲音樂廳（music hall）喜劇傳統與葷素不拘的海邊明信片風格。

fastener），何解？很簡單，這是因為不論在實際操作或理念原則上，邦普訂紙器都是節約度日的代名詞。」）還好現在是二十一世紀，我們現在買訂書機，不用再擔心自身經濟跟政府效率。

第十二章
知識的儲藏室：如英國管家般的檔案分類系統

「我不讓推、不讓歸檔、不讓蓋印、不讓索引、不讓講，不讓問，不讓編號，我是我人生的主人。」[1]

電視史上極經典的辭職橋段，就在《密諜》（The Prisoner）[2]的第一集裡。派翠克．麥古漢（Patrick McGoohan）在地下室的長廊上前行，然後怒氣沖沖地闖進老闆的辦公室裡，把辭呈往桌上一摔，轟的一聲把茶杯都震倒了（落下時力道之大順勢敲碎盤子），過程中打雷的音效更增添了戲劇的張力。辭完職的麥古漢開著黃色蓮花七號（Lotus Seven）跑車揚長而去，同時間在原單位裡，他的大頭照半打上許多叉叉，自動歸檔系統把他的資料丟到滿是檔案櫃的巨大房間裡，一個上面標明「已離職」的抽屜中。這樣的設備固然頗為壯觀，一排排灰色的金屬檔案櫃相連得好遠，但跟泰瑞．吉蘭（Terry Gilliam）電影《巴西》（Brazil）裡的「知識儲藏室」（Storeroom of Knowledge）比起來，還是小巫見大巫。當中矗立著一個又一個「摩天大樓般的檔案櫃塔」，這間儲藏室「把人類的知識、智慧、學術、經驗、想法，全都一點一滴，井然有序到收藏在檔案裡」。

要比規模，現實中最接近「知識儲藏室」的東西，得算是山謬爾．葉茲（Samuel Yates）的藝術創作《無題（MG小步舞曲）》[3]。葉茲於一九九九年完成的這座塑像是個七層樓高的檔案櫃塔，內容物是「一台一九七四年分的MG『侏儒』跑車[4]經過捐贈、切碎、輾壓、攝影、裝袋、貼標與編號等手序後由重到輕依次歸檔」。高度達到六十五英尺（約十九點八公尺）的這個作品在金氏世界紀錄裡有一席之地，頭銜是「世界上最高的檔案櫃組」。葉茲在創作過程中用上的十五個檔案櫃是由HON企業贊助，而HON原本叫做Home-O-Nize——理論上這是在玩「合諧」（harmonise）跟「家庭」

（home）的雙關，但這個雙關實在有點爛，讓人不禁懷疑起想的人是在開玩笑還是認真的。HON 公司成立於一九四四年，創辦的三劍客分別是當工程師的麥克斯・史丹利（C. Maxwell Stanley）、史丹利的廣告人親戚克萊門特・漢森（Clement T. Hanson），以及具有工業設計師身分的伍德・米勒（H. Wood Miller）。HON 原本成立的宗旨是在二戰後提供工作機會給返鄉的美國退伍軍人，所以公司做的、賣的都是些難度不高的小東西，比方說杯墊或食譜盒。一九四八年，公司推出一系列檔案櫃，並開始把眼光轉到辦公室用品市場上。進入一九五〇年代初期，公司的營收達到一百萬美元，如今已經不叫 HON，而叫作 HNI International 的公司已經是全球第二大的辦公室家具廠商。

雖然規模如此大，但 HNI 在英國的知名度不算頂高。如果葉茲要在英國做一個類似「無題」的塑像，他比較有可能用上的是畢斯里（Bisley）牌的檔案櫃。因為位於薩里（Surrey）郡渥金（Woking）市附近的畢斯里鎮而得名的畢斯里公司成立於一九三一年，創辦人是弗萊迪・布朗（Freddy Brown）。

---

1 《密諜》（The Prisoner）裡主角辭職時的台詞，原文是 I will not be pushed, filed, stamped, indexed, briefed, debriefed or numbered. My Life is my own.

2 英國電視影集，播出期間為一九六七年十月一日到一九六八年二月四日。不知名的主人翁身分為英國情報員，某日辭完職回家收拾行李到一半竟被人迷昏，醒來時人在名為「村子」的神祕地點，跟許多同被綁來的「囚犯」共處一地。被稱為六號的主角自此面對領導人「二號」的偵訊，本身則不斷嘗試逃離。二〇〇九年在美被翻拍為迷你影集《囚徒末路》。

3 Untitled（Minuet in MG）

4 MG 代表 Morris Garages，現屬路華（Rover）集團。

布朗原本做的是修車，但一九四一年公司開始生產金屬容器供皇家空軍用降落傘空投物資，還為此遷廠擴產來滿足需求。戰後，空投需求不再，大型金屬容器的市場迅速萎縮。所幸這時候有家批發商叫做標準辦公室用品找上門來，他們徵詢畢斯里是否能改生產金屬廢紙簍。於是接下來的數年，畢斯里公司開始轉型為辦公室用品廠。一九六三年，畢斯里完全退出了汽車維修市場。

弗萊迪的兒子東尼在一九六〇年加入公司。話說弗萊迪有五個兒子，但僅僅東尼一個真正遺傳到做生意的細胞。一九七〇年弗萊迪退休，東尼順勢接班，並且以四十萬英鎊的代價買斷了家族裡其他成員的持股。東尼帶領公司進一步深入辦公室家具市場。在東尼主事的開始幾年，畢斯里的研發團隊——在伯納・李察茲（Bernard Richards）的帶領下——開始生產後來成為公司招牌的基本型檔案櫃。滑動機制裡的滾珠軸承意味著檔案櫃的抽屜很好開關，向外延伸的金屬軌道讓抽屜空間得以「百分百拉開」。雖然在歐洲賣得比任何他牌的檔案櫃都好，畢斯里系列仍不改其低調的本色，各式各樣的顏色讓它不論放到何種辦公室環境裡，都沒有無法融入的問題。你走傳統辦公室的沉穩風格，畢斯里有不強出頭的低調色系，你是冒險樂園風的工作場域，畢斯里的色彩也可以明亮大膽有個性。

在《衛報》的設計評論家強納生・葛蘭西（Jonathan Glancey）的描述中，畢斯里的檔案櫃是「如『萬能管家』（Jeeves and Wooster）劇情裡[5]的英國管家一般謹言慎行」。

在今天主流的立式檔案系統於一八九〇年代發展出來前，企業收到的信件會折疊起來，先存放在白領員工辦公桌上方的鴿子洞（pigeon-hole）中，之後再來慢慢處理。所謂的處理是每封信都會做成摘要，信外面會標明收到的日期與寄件人的身分明細，然後就可以折好歸檔。以十九世紀中以前的低通信量來說，這樣的體系非常夠用。但一連串的發展（工業化的開展、電報的發明與普及、鐵道與郵政系統的改革創新）使得人際溝通愈來愈容易，愈來愈便宜，分隔兩地要交易也不成問題。就這樣企業規模愈來愈大，官僚體系愈來愈發達。凸板印刷機跟苯胺染料也讓要發的信件可以快速加印（不再需要手抄）。既然發信變得便宜，那就多寄一點也無妨，這時鴿子洞的儲存系統就不敷使用了。

橫式檔案系統在十九世紀後半葉發展出來，自此信件不再需要摺疊或摘要，而這點自然有助於存放與取出。橫式檔案系統建立的第一步很簡單，就是要把寄來的信件集結成冊，但就連這點都很快遭到箱型檔案（box file）的取代。箱式檔案的組成是「一個箱子，頂蓋像書的封面一樣可以打開，內含二十五六頁馬尼拉紙（manila paper）配合二十六個英文字母進行索引，固定在箱子的一側，要歸檔的文書就夾在紙頁之間。」因為歸檔的書信沒有訂死在檔案裡，你想要重新排列也完全沒有問題，這比起以往的檔案系統增添了不少彈性。不過雖然橫式的檔案系統比鴿子洞方便，想要拿到箱子最底層的文件還是得先把其上的所有東西搬開，而這樣的空間設計顯然還有很大的進步空間。

5 一九九〇到一九九三年間於英國播出的喜劇影集，兩名主角分別是上知天文下知地理的天才管家吉福斯（Jeeves）跟自命不凡但又眼高手低的單身漢主人伍思特（Wooster）。

「薛能式檔案系統」（Shannon File）由詹姆斯・薛能在一八七七年設計出來，其構成為「一個信件大小的小型檔案抽屜，抽屜的尺寸約當一個活頁檔案，不過這個『抽屜』只有正面跟底部。」只有正面跟底部，那就是沒有兩側囉？沒錯，這抽屜「不需要兩側，因為已經設計有拱形環狀的金屬夾來固定歸檔的文件。」在薛能早期的設計裡，抽屜裡的拱形夾附有尖刺可用來穿過文件，但後來改為提供「一台特製的，可以用一個動作在紙上打出漂亮的孔洞來對應金屬弓數量與位置的機器」（真囉嗦，就是打洞機啦！）差不多在同一個時期，德國也有人開發出了一種檔案系統，概念上跟薛能類似。一八八六年，佛列德立賀・索聶肯（Friedrich Soennecken）申請了專利給一種使用金屬拱環的活頁夾跟搭配的打洞機。十年後，路易斯・萊茲（Louis Leitz）開發出了以槓桿來操作的拱環檔案機制。

但是打洞機、金屬環活頁夾跟槓桿—拱環（lever-arch）系統要能夠真正造福人類，首要條件是孔洞的位置與間距必須標準化。如果我打的洞跟你的環不能配合，那我們豈不是在瞎忙？ISO 838（「一般歸檔目的用的紙洞」指明了「為了讓紙張能夠符合一般檔案的規格，在紙張或文件上打洞必須遵循的尺寸、間距與位置。按照 ISO 838 裡的說法，「原則上，紙上打的洞必須要以紙張中央的橫軸為基準上下對稱，而紙張的橫軸要跟洞連起來的縱軸呈垂直。」洞與洞中心的距離要固定在八十公釐（八公分），洞本身的直徑是六公釐（〇・六公分），每個洞的中心得距離紙張邊緣十二公釐。下載 ISO 838 的 PDF 檔要價二十六英鎊（約新台幣一千兩百元），聽清楚是花二十六英鎊讓人告訴你打洞機怎麼用喔！這錢我都可以買高級貨的 Rapesco 835 四十頁打洞機了！

誰把橡皮擦戴在鉛筆的頭上？

怕文件在檔案裡固定得不夠穩，我們可以增加洞的數量，這沒問題，只要洞與洞之間還是隔八公分就行，而且因為A系列各種紙張大小的相對關係，我們如果想把A3的紙張放到A4的檔案裡，只要沿著A3的短邊打洞，然後再對折就行。事實上從A7以上的紙張都適用這種作法。不意外的，美國既然面對A系列紙張的魅力不為所動，ISO 838當然也被他們拒於門外。他們另外用了一種三孔的系統，規格跟全世界其他地方都不同，彈性的表現也差上許多。有你的，美國！

愛德溫．G．賽柏爾斯（Edwin G. Seibels）有一個頭銜是立式檔案櫃系統的發明人，那年是一八九八年。賽柏爾斯是賽柏爾斯與埃宰爾（Seibels & Ezell）公司的合夥人，這是家由他父親在南加州創辦的保險經紀公司。當時仍普遍使用的鴿子洞系統很沒效率，讓賽柏爾斯很「倒彈」，他覺得比較好的作法應該是把文書平放在大信封裡，然後直著置在抽屜裡存放，什麼又要折又要摘要的作法都不足取。他連絡了一家在地的木工業者，委託他們按自己的設計製作出五個木櫃。惟後來想要把自己的創意拿去申請專利的時候，賽柏爾斯卻吃了鱉，因為他發現自己的設計竟然沒有值得保護的地方：

> 我被告知只要改變尺寸，別人的檔案箱就可以避開侵權的問題。很可惜我忽略了直立存放信封跟用索引卡片區分類別的重要性，這樣的設計自然具有申請專利的價值。

賽柏爾斯的檔案櫃雖然很接近現代的設計，但其實立式存放資料的作法早在一八七〇年代就已經建立，主要是杜威十進位分類系統（Dewey Decimal Classification system）開發出來後，用卡片索引的書目檔案就進駐了圖書館。杜威十進位分類系統是由梅爾維爾・杜威（Melvil Dewey）在一八七六年開發出來。我相信全球圖書館的常客對這個系統都不陌生，而且每個人肯定都有自己偏好的分類號碼（像我的就是 651——辦公室服務）。卡片目錄很快就加入書目分類系統的行列，成為了一種取書工具。這些卡片放在櫃子裡由標籤分頁區分開來，方便使用者確認目標書籍或文件的存放位置。

索引卡片目錄能提供這等的彈性，其前身還可以再追溯到十八世紀自然學者（naturalist）卡爾・林納爾斯（Carl Linnaeus）所開發出的系統。林納爾斯當時是致力於動植物物種的命名法結構設計，結果他卡在了兩種不可或缺的需求之間：一方面物種的名稱得按照某種順序，另一方面但又得保留彈性讓新發現的物種可以隨時插隊。最後他想出來的解決辦法就是大約五乘三吋的小卡片，已具有現代索引卡片的雛形。

正因為索引卡片可以把現有資料拿來排序，又容許新的資料隨時加入，所以除了可以用來製作目錄或管理檔案以外，還可以在任何創意性的過程中派上用場。「事物的模式先於事物本身」，弗拉基米爾・納博科夫（Vladimir Nabokov）在一九六七年接受《巴黎評論》（*Paris Review*）時論及他的工作系統說，「我創作小說就像在玩填字遊戲，我不一定從什麼地方開始填起，反正我每一條線都放在一張索引卡片上，直到小說完成。我的工作時間很彈性，但我很堅持的是書寫的工具：必備的是有格線的 Bristol 卡片，跟削得好好的但又不會太硬的鉛筆，上頭要有附橡皮擦那種。」

標籤分頁讓一整組索引卡變得好搜尋，有它的實用性，但要比用起來爽的話，旋轉式名片架

「Rolodex」滾動時發出的「呼嘯聲」才是王道。Rolodex是由紐約布魯克林的奧斯卡・諾斯塔德（Oscar Neustadter）在一九五〇年發明。諾斯塔德的西風美國公司（Zephyr American Corporation）曾經在Rolodex之前推出過Swivodex（防潑灑的墨池）跟Clipdex（聽打的輔助工具，秘書小姐可以夾在膝蓋處使用），但這兩樣東西都沒賣起來。諾斯塔德的Autodex電話簿表現比較好，（今天還買得到），但真正讓諾斯塔德揚名於世的，還是非Rolodex莫屬。「我跟希奧道爾・尼爾森（Hildaur Neilson），我的工程師兩個人搞這個創意搞了很久，」諾斯達德在一九八八年回憶說，「他做了一個模型，然後我們就開始生產。我知道我有一個很好的點子，但市場一開始並不買帳。第一個做出來的Rolodex看起來滿像今天還沒停產的鋼製品，上面有可以旋開的蓋子（rolltop cover），另外還附了鎖跟鑰匙。不過全世界的Rolodex都是同一副鎖跟鑰匙，呵呵。」

Rolodex適合快速搜尋小名片，但大東西就不好用了（我承認我有過這樣的遐想，但把Rolodex做到A4的大小實在太誇張了，應該會非常不實用）。用檔案櫃應該還是比較理想的作法。

比起其他類型的資料收納方式，立式檔案櫃就是可以在同樣的空間內擠近更多的文件。一九〇九年，一家檔案櫃公司在廣告裡宣稱自家系統可以增加百分之四十四的儲存效率，還可以減少三分之一的人力支出。側式吊掛檔案（lateral suspension file）系統用紙質的「吊床」（hammocks）把文件聚集在一起，又更進一步提升了資料儲存的效率。

但對很多現代人來說，生活中最常用的檔案跟檔案夾其實在電腦上。不過，雖然電子檔在空間利用上的優勢不在話下，我們也不能對相應的風險視而不見，主要是電子資料放久了，檔案的格式就會長江後浪推前浪，開始在儲存與取用上產生問題。隨著科技的開展，儲存媒介的更迭，電子資料會定期需要搬家，否則就會被困在已經過時的格式上（我一堆拿A的作業就都困在三．五吋的軟碟片上，既不捨得丟，又沒辦法瞅；就算我現在去買一台USB接頭的軟碟機，磁片大抵也早就都變質退化，讀不到東西了）。在談「極長期備份」（Very Long-Term Backup）的一篇文章裡，「今日永存基金會」（Long Now Foundation）的凱文．凱利（Kevin Kelly）把紙本文件的壽命搬出來比較：

> 搞了半天，紙是一種非常可靠的備分工具。雖然易燃又不防水，但只要克服這兩個弱點，好的無酸紙可以長期不變質，倉儲成本低，又可以無視於科技的變化，畢竟紙張用肉眼就可以「讀取」，不需要其他的輔具。高品質的紙張只要善加保存，放個一千年應該是稀鬆平常，即便想超過兩千年也不會麻煩多少。

這樣說起來，資料要久放有個最安全的辦法就是把你電腦硬碟裡全部的東西都印出來，然後丟到檔案櫃裡，但這樣又會衍生出另外一個問題，那就是有點佔空間。一GB的記憶體可以放大約六萬五千頁的微軟Word文件，而現在隨便一台談不上多貴的筆電也至少有個五百GB的硬碟。就算你雙面印，這還是得用掉相當多的紙張，這可不是儲存效率高四四%的立式檔案櫃就可以解決的問題。所以說在某個點上，你還是得把電腦裡的東西搬來搬去。

一九一三年，美國政府以新法規定企業必須留存書面資料來作為報稅用。在這之前，個別企業也各自有他們資料要留多久的政策，但新法的頒布讓紀錄的保存成為全美共通的作法。在芝加哥，曾有一位名叫哈利．L．菲羅斯（Harry L. Fellowes）的年輕裁縫。哈利上班處的隔壁有家店，老闆是華特．尼可（Walter Nickel）。尼可賣的是可收折的儲存箱（collapsible storage box），而且這些箱子是特定設計來給書面資料的。一九一七年，尼可受徵召入伍，菲羅斯於是以五十美元（約當今天九百二十美元）買下了尼可的公司持股。菲羅斯改賣箱子賣得頗順利，戰後生意也持續蒸蒸日上。尼可退伍後重新加入公司，跟菲羅斯一起擴充了產品線，其中就包括名字取得很愛國的「自由之箱」（Liberty Box），另外還有「銀行家箱」（Bankers Box）。甚至於菲羅斯 R-Kive 箱（Fellowes R-Kive box）的深色木紋仍舊是世界各地辦公室裡的熟悉景象。只不過雖然生產這類箱子的廠商全球不下百家，有些人還是覺得這產品可以加強。

在二〇〇八的紀錄片《史丹利．庫柏力克的箱子》（Stanley Kubrick's Boxes）裡，強．朗森（Jon Ronson）探究了庫柏力克資料庫裡幾千個箱子的內容物。一排排櫃架上放眼望去，成百的木紋 R-Kive 檔案箱塞滿了整間庫房，箱子裡則都是外景的照片與電影的研究資料（庫柏力克熱中於收集文具，附近有萊曼〔Ryman〕文具店都會去補貨，所以有些箱子上只標了「綠色筆記本」或「黃色索引卡」。）但庫柏力克顯然對箱蓋有愈來愈深的無力感，主要是蓋子太緊了。為此庫柏力克的助理東尼．福萊溫（Tony Frewin）聯絡了米爾頓．凱因斯（Milton Keynes）牌箱子的廠商 G．萊德有限公司（G. Ryder & Co. Ltd），開門見山地指定了他認為絕對最剛好的箱內尺寸。在給廠商的備忘錄裡，東尼寫說箱蓋應該要「不會太緊也不會太鬆，剛剛好就好。」萊德公司按此客製出來的產品規格是：

產品編號（Ref）：R.278
產品類型：黃銅線縫箱體，全深提拉式掀蓋（箱蓋），三角形啣套（lug）
產品組成：1900微米（0.080英吋）雙層牛皮箱板。
產品規格（內部尺寸）：16.25英吋長、11英吋寬、3.75英吋高（R.278）。

在某批箱子裡，東尼發現了一張在萊德公司內部流通，但不知道被誰誤放進箱子裡的便條，上頭寫的是：「奧客——蓋子要確認過開關順暢。」「是啦，我們這種就是奧客啦，」東尼對朗森說，「不是奧客怎麼會覺得一下午在那邊拔箱蓋很痛苦，拔得很開心才是好客人吧。」

東西都在檔案箱裡放好好以後，很重要的下一步就是要在箱子上貼上明顯的標籤，不然我保證你之後什麼也別想找到。一九三五年，雷・史丹頓・艾佛瑞（Ray Stanton Avery）只靠著舊洗衣機的馬達、縫紉機的零件，還有一把軍刀鋸（sabre saw），就做出了一架自黏標籤的生產機台。當老師的桃樂絲・杜爾菲（Dorothy Durfee），也就是後來的艾佛瑞太太投資了一百美元，艾佛瑞才有錢可以成立他的「克朗克林產品」（Klum Kleen Products）公司——他隔年把公司改名為「艾佛瑞黏著劑」（Avery Adhesives），還好他改了[6]。產品本身賣得很好，一九九七年雷辭世時，艾佛瑞丹尼森公司（Avery Dennison Corporation）的年營收已經達到三十二億美元。

要讓按年分儲存的文件容易建檔與取出，簡簡單單一個日期戳章就辦得到。幾年前我人在紐約，當時我逛到第二大道一家「巴頓的神奇文具店」（Barton's Fabulous Stationers）。我信了帆布遮陽棚上的說的「神奇文具」幾個字，而我逛了一圈也還真沒失望。這家店有很多地方都讓我想起我買到威樂氏（Velos）牌型號 1377 桌上型迴轉收納盒（Revolving Desk Tidy），位在我老家伍斯特公園鎮（Worcester Park）的那家「富勒氏」（Fowlers）。跟富勒氏一樣的是巴頓的室內空間也分成兩半，一半賣禮品跟玩具，另一半賣文具。巴頓架上很多東西好像放著好多年了，但店也沒倒，這點也跟富勒氏一樣。架上一整排都是泛黃的手札本跟夾著複寫紙的點陣印表紙——邊邊有齒孔（Letr-Trim）讓用的人好撕。最後我拿了卓達 4010（Trodat 4010）日期章去結帳。

我一直都很喜歡日期戳章，畢竟我有多年在圖書館工作的經驗，把戳章上的日期往前轉一天，是我們每天早晨的任務。例行的借書戳章會夾在條碼掃瞄器的頭上，這再加上搭配的一盤盤字母跟數字，就是我這輩子最接近傳統活版印刷的體驗了。書以外的其他館藏（像 CD 光碟或錄影帶）——我沒待到 DVD 普及，我們會用上附轉盤用撥的戳章，而且多半是 Trodat 牌的章，只不過館裡還沒有高級到機械式自動上墨的 4010，公家單位的預算只買得起手動調整的版本。

從在印台沾墨到落在紙面上，訊息拓印上去，然後沿原路踏上回程，這過程能看到卓達（Trodat）戳章的握把旋轉了一百八十度，就像芭蕾舞者在原地用腳尖旋轉一樣地優雅，值得我們放慢速度、

6 名字近似於美國歷史上分三階段存在的種族仇恨團體「三 K 黨」（Ku Klux Klan）。

拉近特寫去好好欣賞，值得我們不把戳章只當成戳章。你伸手把棲身於桌角的卓達（Trodat）取來，在收據上敲出令人心滿意足的一聲「碰」，你或許根本不當回事，只把這當成例行公事，但說真的你應該對戳章多點尊敬，這文具有我們應當要看得到的美麗。

但話說回來，那次從紐約帶回來的卓達4010，我後來一次都沒用，只不過這不全然出於我的選擇就是了。買它的時候，我曾經注意到盒身有點受傷，但裡頭的戳章確實是全新的狀況。後來是我人回到倫敦，仔細看過了裡裡外外，我才赫然發覺這寶貝在架上度過了多長的歲月。章上的日期範圍是從一九八六年一月一日到一九九七年十二月三十一日。我不確定卓達（Trodat）會提前多久生產這些戳章，但他們不至於回頭生產舊的日期吧，所以結論是這產品從一九八〇年代後期就來到了紐約，而且整整十五年無用武之地。

我想日期的帶子是可以更換的，但我應該會保持它現在的模樣。

誰把橡皮擦
戴在鉛筆的頭上？

第十三章
打開桌上型迴轉收納盒

我來自英格蘭的伍斯特公園鎮（Worcester Park），那是薩里郡（Surrey）的一個小鎮。還是個孩子的時候，我老愛往鎮上的商店街跑，因為那裡有家獨立的文具店叫「富勒氏」（Fowlers），我一直很愛這家店。確實，山腳下有家連鎖的「W．H．史密斯」書店（WHSmith）[1]更大，確實，我會在史密斯書店裡流連忘返，就為了在裡面看筆，但富勒氏就是不一樣。富勒氏感覺對文具更專門，更認真。富勒氏裡有各式各樣的便利夾跟文件標籤，而且不像是在史密斯書店裡看到的那些。富勒氏裡有賣「弄臣帽」（foolscap）[2]規格的吊掛式文件夾（suspension file），也有辦公用品和大人的玩意兒。作為一家文具店，富勒氏很有看頭，很文青，讓人有置身圖書館的錯覺——至少其中半家店是如此。富勒氏把一半的店面給了問候卡、包裝紙跟廉價的禮品，我對那一半興趣缺缺。但另外一半——我鍾情的這一半，有一排排的原子筆跟鉛筆讓我目眩神迷。我會駐足良久研究架上的東西，會把這些東西拿起來把玩盡興，不時還會花錢替富勒氏做做業績。

幾年前我回到故鄉，富勒氏還是我記憶中的樣子，沒什麼改變，就連站櫃檯的都還是同一位先生。雖然沒有什麼特別要買的東西，但我還是穿梭其中，一樣一樣地看。結果在好幾疊西爾溫（Silvine）牌記錄卡（record card）（204 公厘 x 127 公厘，附格線）的後面，被我看到了一個有著歲月痕跡的包裝盒。盒蓋上的白色字型在蒼白的粉紅背景上讀出來是「威樂氏 1377 桌上型迴轉收納盒」，底下有小一點的字體寫著「六隔間附盒蓋」，字旁邊還有收納盒本尊的黑白示意圖。我把這盒東西拿了起來，心想「威樂氏」這牌子我還真沒聽過，但瞄了瞄盒身我明白了，這產品多半比我還老，大抵是六年級——一九七〇年代的東西。此物滿布灰塵，估計是被遺忘在架子的深處，很多年沒人「染指」了。這樣的寶貝當然是必收，於是我立刻拿去結帳，沒想到櫃檯的先生怎麼也找不著條碼——是了，這東西比條碼還早出現。所幸盒角還有張褪色的標價：五．一英鎊（這不是原價吧？當年賣這價錢也太貴了吧？標價是何時重貼的啊？）。一問三不知的店員聳了聳肩，在收銀機裡輸入了價格，我付了錢，他則在進出貨的小本子裡記上一筆。

回到家裡，我小心翼翼地開箱——我不想大手大腳把盒子弄得支離破碎。打開之後，內容物在我眼前豁然開朗：威樂氏 1377 桌上型迴轉收納盒。收納盒的狀況非常理想，但這並不令人驚異，畢竟它老歸老，我買來的時候可幾乎是全新。這只由高衝擊苯乙烯（high impact styrene）塑膠材質做成的圓形收納盒不大，透明的蓋子下面看得到像葡萄柚剖面的六個隔間，可以用來放六種「有的沒的」小東西。盒蓋上有個大小跟單一隔間一樣大的開口，開口上另有一個可以開關的滑蓋。使用的時候先把你鎖定的隔間轉到開口下方，推開滑蓋，然後就可以拿到你要的迴紋針、圖釘，或你選擇放進這收納盒的任何東西了。包裝盒上的附圖顯示收納盒是空的，廠商沒有提供「調理參考」，威樂氏選擇相信客人的判斷能力。

像我就是經過了深思熟慮，才決定如何善用這六格空間。**目前以第一格為家的是六十七枚鋼**

---

1 英國知名的連鎖書店，兼賣辦公文具，股票上市公司，經營型態類似台灣金石堂書店）。

2 歐洲與大英國協國家的傳統紙張規格，8.5 吋 x 13.5 吋（216 x 343 公分），A4 崛起前曾是全球最普遍的文件大小。早自十五世紀起，該尺寸的紙張即採用弄臣鈴鐺帽的浮水印，因而得名。

質的迴紋針，但這些個迴紋針是什麼時候買的，在哪兒買的，我全都沒印象了，迴紋針上也沒有任何的線索。對於我的記錄力有未逮之處，我除了道歉也只能道歉，但在各位批評我不夠周全之前，我得說我只是「近朱者赤，近墨者黑」，畢竟人類號稱文明，但世故（又傲慢）的我們也沒能多動幾根手指頭，去好好記錄是誰發明了迴紋針。

聽到迴紋針三個字，我們腦中會浮現一個既定的形象，那是一個兩頭圓圓，環中有環的設計，就像是鋼絲做成的伸縮喇叭。但這個形象其實只是迴紋針中的一種：「寶石」（Gem）迴紋針。寶石迴紋針得名是因為英國一家「寶石有限公司」（Gem Limited）。寶石有限公司就算沒有直接參與迴紋針的發明，也絕對以卓越的行銷能力讓「寶石迴紋針」千古流名。總之，迴紋針的種類絕非只有「寶石」一種，其種類與功能可說五花八門，各有擁護者。那為什麼我們會搞不清楚迴紋針的發明者是誰呢？關鍵之一是迴紋針的種類與設計眾多，自封的發明者也多。而隨著群雄並起，歷史上也開始流傳起許多真偽難辨的故事。一個常聽到的說法是挪威專利事務員約翰．瓦勒（Johann Vaaler）在一八九九年發明了迴紋針。他先於一八九九年在德國提出了專利申請，隔兩年（一九〇一）又在美國提出了專利申請，而專利申請書中提到他設計的迴紋針「以彈簧材料（如鋼絲）製成，像是將一截鋼線折成長方形、三角形或其他形狀的迴圈，迴圈的兩端形成兩條反向毗鄰的『鋼段』或『鋼舌』」。專利中的附圖顯示瓦勒的設計確實與寶石迴紋針有幾分神似，但一如我心目中第一名的網站「早期辦公室博物館」（Early Office Museum）所言：「他（瓦勒）的設計既非首創，也無關緊要」，這話毒舌卻很中肯。

瓦勒死後被冠上「迴紋針之父」的頭銜，甚至於隨著各種穿鑿附會的說法出籠，瓦勒意外成了挪威的「民族英雄」。在二戰納粹佔領期間，迴紋針被挪威人戴在身上當做反抗的象徵，不過這種作法跟瓦勒是挪威人沒有關係（瓦勒的原始專利申請被翻出來是在一九二〇年代，但當時他並未普遍獲得認定是迴紋針的發明人），而是挪威人覺得迴紋針把紙張結合在一起，正好可以低調地提醒挪威人要團結起來抵禦外侮（「我們是生命共同體！」[3]是當時流傳的說法）。戰後若干年，瓦勒發明了迴紋針的說法開始流傳，先是被挪威的百科全書給收錄進去，然後再跟挪威的許多抗戰事蹟融合在一起，最後迴紋針就陰錯陽差地成了挪威非正式的國家象徵。一九八九年，挪威的BI商學院」（BI Business School）[4]在桑維卡（Sandvika）校區豎起了一座七公尺高的迴紋針塑像（後遷至奧斯陸校區）來紀念瓦勒，但這座雕像的設計並非瓦勒專利書裡的迴紋針形象，而是把「寶石迴紋針」拿來調整一下（其中一頭變得比較平）；又過了十年，挪威發行了郵票來紀念瓦勒，這次放在瓦勒頭像旁邊的就貨真價實是枚「寶石迴紋針」，瓦勒自己設計的作品一樣無緣與世人相見，不過郵票的背景裡倒是嵌入了瓦勒的專利申請書。

相對於瓦勒的作品，跟「寶石迴紋針」在設計上比較接近的是馬修．史谷立（Matthew Schooley）

3 原文為「We are bound together.」。
4 主校區位於奧斯陸的BI商學院是挪威最大與歐洲第二大的商學院。「BI」源自一九四三年成立時的校名「Bedriftøkonomisk Institut」（管理經濟學研究所）。

在一八九八年獲得專利的「紙夾／固定夾」（Paper Clip or Holder）。史谷立以當時的各種迴紋針當作基礎來加以改進，提出了自己的設計，他在專利申請書裡提到：

> 我明瞭在我的發明之前，已經有許多「紙夾」的基本概念跟我的設計相仿。但就我所了解，其他的「紙夾」都會從紙張上翹起或凸出來，讓人必欲除之而後快。

相對於在瓦勒的設計裡，線圈是在二維的平面上發展，史谷立的構想是立體的線圈，是有層次地蜿蜒層疊上去，所以史谷立的紙夾可以緊靠著紙張，「服服貼貼地把紙張聚攏在一起，不至於讓其他閒雜物體有著力點可以卡上去。」再者，史谷立補充說，「透過我的設計，紙張便不至產生皺褶或彎曲。」史谷立的版本稱得上是一種進步，但它仍舊不是「寶石迴紋針」。

「寶石迴紋針」的模樣第一次出現於專利文獻中，是在一八九九年。威廉・密道布魯克（William Middlebrook）在那年申請了專利給他的一台機器，其作用是可以「自動將金屬線製成裝訂或固定紙張用的夾子來取代類似功能的針」。密道布魯克的申請書中有附圖來說明該機器所生產的紙夾具有何種「形狀與屬性」，而圖中的迴紋針毫無疑問的是「寶石迴紋針」。不過寶石迴紋針並不屬於這專利的一部分，密道布魯克只是用它來說明機器的用途。事實上，寶石迴紋針為人所知起碼比密道布魯克的專利早十年，對此《利器》（*The Evolution of Useful Things*）的作者亨利・波卓斯基教授（Professor Henry Petroski）引用了亞瑟・潘恩（Arthur Penn）所著，一八八三年版本的《居家圖書館》（*The*

Home Library）一書來佐證這一點，潘恩在書裡大讚寶石迴紋針完勝其他工具「把同一主題的文件、書信或散裝手稿裝訂在一起」的能力。

寶石迴紋針的無名發明者固然比瓦勒或史谷立年代都早，但比「寶石」更早的迴紋針設計還有好幾種，其中像山謬爾・B・費（Samuel B. Fay）就是最常被認定的「迴紋針發明人」。有趣的是山謬爾在開發出自己的「迴紋針」之時，他想夾的東西並不是紙。時間拉回一八六七年，山謬爾當時所設計出的東西叫作「票夾」（Ticket Fastener），用途是把「標籤或票券」夾在細緻的布料上來取代當時慣常使用的別針。這一方面可以騰出別針佔用的空間，一方面可以避免別針對布料造成可大可小的傷害，畢竟別針必須穿洞（不過話說回來，費確實有在專利的附註中表明這「票夾」同樣可以用來把兩張紙夾在一起）。費的迴紋針也是把一段金屬線「拿來折彎成一端是圓圈」，或者說是「把一條鐵線弄成有兩隻腳，然後這兩隻『腳』再經由扭轉後交叉，進而形成一個有彈性的夾子。」這樣的設計跟**我放在收納盒第二格裡，黃銅製的 Premier-Grip 牌交叉型迴紋針**（Premier-Grip Crossover Clip）大同小異。

在一九〇四年出版的自傳裡，哲學家赫伯特・史賓賽（Herbert Spencer）宣稱他早在一八四六年就發明了「裝訂針」（binding pin）。時至今日，赫伯特・史賓賽最為人所知的應該是他首創「適者生存」的說法，但顯然他也是個業餘的發明家。當年遇到散裝的報紙或期刊，他所發明的「裝訂夾」就可以派上用場（一疊報紙「從中間打開，裝訂夾就可以上方夾一個，底下夾一個，這樣紙張就不會亂跑而方便閱讀」）。該產品的生產與銷售由跟史賓賽簽了約的艾克曼公司（Messrs Ackermann & Co.）負責。營運的第一年，裝訂夾的銷售金額還有七十英鎊（相當於今天的六千一百五十英鎊或約二十九萬新台幣），但這之後業績便一路下滑。剛開始史賓賽埋怨該公司的負責人艾克曼沒能多賣點夾子（「我想這都得要怪艾克曼先生是個很差勁的商人，他沒多久後就生意失敗，舉槍自盡。」）。但後來史賓賽又改口說是社會「發瘋似地喜新厭舊」，大眾的「判斷力蕩然無存，好東西節節敗退，不受使用者青睞，反倒是不好的東西只要夠新，還是會有人願意嘗試：少有人去比較產品間的相對優勢。」適者生存？真的嗎？

在上述的發明出現之前，把紙張結合在一起的工作是由陽春版的大頭針（straight pin）負責。但用針來處理紙張有幾個顯而易見的缺點。首先一個主要的問題是既然用針，紙上就一定會有洞。弄到最後紙張是固定在一起了，但這些紙張上都變成有一個洞，其實不是很裡想。所以任何新的作法只要能讓紙上沒洞，就算得上是一種進步。另外，針這種東西對人的手指也不是很友善，不會刺人的東西肯定比較好。所以回過頭來看，山謬爾．B．費的票夾就不知比大頭針好多少倍，沒人早點想到真的是一件很奇怪的事情。但「為什麼沒人早點想出來？」這個問題，其實忽略了設計過程中一件很基本的事情。那就是大頭針在其自身的應用環境裡，其實表現是稱職的。當然，大頭針絕對不完美，它絕對有它的問題，但除非有夠強的競爭者跳出來，否則大家也沒什麼好抱怨的。換句話說，有段時間大頭針並未感受到「演化」的壓力，日子可說過得非常安逸。大頭針所屬的應用環境首先必須改變，大頭針才會跟著開始改變。而十九世紀末發生了三件事情，改變了環境，迴紋針這個新品種的文具也隨之崛起。

首先，很顯然迴紋針要能夠出現，人類的科技必先得能夠穩定地生產出具有延展性跟彈性的鋼絲，這樣做出來的迴紋針才有可能正常使用。第二，鋼絲迴紋針的成本與售價必須能廣為大眾接受（先人可能也覺得文件被刺出洞來很礙眼，但替代品都太貴了，所以他們還是出於現實考量而忍受大頭針——美觀誠可貴，生活價更高）。最後，官僚體系必須萌芽。工業化如果是前兩項改變的前提，那這第三項改變就是工業化的後果了。辦公室環境誕生後，人類需要新的「基礎建設」。文書工作增加了，整理、組織的方式也必須革新，於是乎迴紋針的時代便來臨了。

工業技術的進步，生產成本的降低與官僚體系的誕生並非某個地方專屬，因此不令人意外地，十九世紀的尾聲，各式各樣的設計同時出現在不同的國度。從一八六七年開始，多到讓人傻眼的專利如雨後春筍出現，一整群發明家想著同一件事，那就是要用一體成型的金屬把兩頁或更多頁的紙張給夾起來，而他們發明的夾子真的是五花八門。「優利卡」（Eureka；意思是「有了！」）迴紋針是由一整片金屬壓切而成，外緣是可以分成好幾段的橢圓，中間則有一支「角」用來夾住紙張，專利於一八九四年由喬治・法墨（George farmer）申請獲得；「多功能」（Utility）迴紋針的年分是一八九五，外觀近似被折起來的舊式易開罐拉環；「尼加拉」（Niagra）迴紋針基本上是兩個山謬爾・B・費的迴紋針黏在一起，就像是連體嬰，專利年分是一八九七；「快艇」（Clipper）迴紋針跟尼加拉同年，外型也是尖版的「尼加拉」；「偉斯」（Weis）迴紋針是一個大的等腰三角形裡有一個小的正三角形，一九〇四年獲得專利；名號頗為響亮的「赫丘里斯雙面用迴紋針」（Herculean Reversible Paper Clip）是把鐵線折成兩個稍微有點歪斜的等腰三角形；「皇家」（Regal）迴紋針亦稱「貓頭鷹」（Owl）迴紋針，顧名思意長得有點像貓頭鷹，只不過這隻貓頭鷹被圈養在長方形的小籠子裡，整隻鳥被壓得四四方方；「理想」（Ideal）迴紋針有著複雜的蝴蝶形狀，專利取得於一九〇二年。這要說說不完，隨便再舉幾樣就還有「林克利普」（Rinklip；形狀圓如溜冰場，另附有翻起的「唇」形設計以利使用）、「蒙兀兒」（Mogul）、「丹尼生」（Dennison）跟「伊茲恩」（Ezeon）迴紋針。

喬治．麥基爾（George McGill）這位仁兄在一九〇二到一九〇三年間提出了十來種迴紋針的專利申請。鍥而不捨的麥基爾對各種文具都很死心塌地——他另外還設計了紙張固定器（paper fastener）、票夾（ticker holder）與訂書機。我想他是那種會拿著筆在信封背面或廢紙上亂畫的人，而當他太太的只能獨自憔悴，懷疑枕邊人是不是吃飯睡覺都心不在焉，無時無刻不構思著新的設計。那他的夢到底走了多遠呢？歷史上看來似乎沒有很遠。「早期辦公室博物館」之所以只列出一九〇二年以前的迴紋針設計，就是因為麥基爾來亂：

> 一九〇二年以後取得專利的迴紋針設計我們基本排除，除非有很確切進入產線的證據；我們取一九〇二年為分水嶺，是因為一九〇三年有十三筆專利出現，其中十筆來自同一人，喬治．W．麥基爾。扣除班鳩琴（Banjo）迴紋針這一例外，麥基爾其餘的設計都查無生產製造或廣告宣傳的實據。

麥基爾的很多設計確實都只停留在專利階段，但「早期辦公室博物館」對他有一點不公需要平反，那就是在他於一九〇三年所設計出的東西裡，至少還有另外一項有進入產線，那就是我現在手上就有一盒的「環狀」迴紋針（Ring Clips）－麥基爾於一九〇三年六月二十三日與十一月十七日兩次以此設計獲得專利。

雖然歷經了這段瘋狂的實驗期，但寶石迴紋針仍以其緊湊的環中有環歷久不衰。寶石迴紋針常被點名是「完美」的設計，包括紐約現代藝術博物館（Museum of Modern Art）跟德國的維特拉設計博物館（Vitra Design Museum）都曾經展出過寶石迴紋針，其歷久彌新可見一斑。參與過「費頓設計經典」系列（Phaidon Design Classics）編纂的艾密利亞・特拉格尼（Emilia Terragni）就欽點寶石迴紋針是她極欣賞的設計：

> 因為寶石迴紋針集合了設計的精髓：設計要美，它夠美；設計要簡約，它夠精鍊；要經得起時間考驗，它已經一百年沒變——歷盡滄桑它還是同樣的東西。現在的寶石迴紋針還是一樣好用，還是一樣大家都用。

但話說回來，寶石迴紋針就真的這麼完美，這麼說不得嗎？文章裡只要談到寶石迴紋針的美感，拿來當證據的都不是使用中的寶石迴紋針。畢竟一經使用，寶石迴紋針的經典設計就會有一半被遮住。要是別上的文件太厚，迴紋針更會被撐開而扭曲變形。大家都肯定迴紋針的簡約設計，但從很多層面上來看，我們都高估了迴紋針的功能性。

要說寶石迴紋針的設計百年未變，也是有問題的。確實，如今市面上的迴紋針大致跟一八九〇年代廣告中的樣子非常像。但其實把寶石迴紋針拿來這裡修一下，那裡改一點的迴紋針是很多的。比方說有人把寶石迴紋針拿去「豐唇」（lipped），也就是讓裡面那一圈的下面翹起來，讓人能更輕鬆地把迴紋針別到紙上（雖然自麥基爾一九〇三年申請專利以來，這樣的設計就一直存在）。另外一個寶石的「小改款」是一九三四年的「哥德式」迴紋針，設計者是亨利・藍可鐃（Henry Lankenau）。相對於原版寶石迴紋針的兩端有著羅馬式的圓形弧度，哥德式版本的上端是平的，下方是尖的，這樣的好處是上面可以跟紙張切齊，下面可以方便把迴紋針插下去。「波樂」（corrugated）造型的迴紋針強化了摩擦力的表現，別上去以後比較不那麼容易滑掉。這些「衍生性」迴紋針的變動幅度都不算大，甚至可以說還滿小的，但有改就是有改。從我最近一次去到「萊曼」（Ryman）[5]的見聞來判斷，我會說純種的寶石迴紋針大約佔一半，略有突變的寶石迴紋針也佔一半。

以這個比例來看，寶石迴紋針並不如眾人所想的那麼無可挑剔，那何以大家認為它臻於完美的觀念會如此根深柢固呢？有一種解釋是寶石迴紋針在各個層面的表現都在水準以上。水準以上的意思是它或許不完美，但也不太能再苛求什麼了。如果滿分是十分，寶石迴紋針的整體表現可以打個八分。相較之下「整形」過的寶石迴紋針一定在特定的面向上會表現得更好些，但也一定會犧牲掉一些東西。「豐唇」過後的寶石會比較好別，但文件的厚度就會增加；「哥德式」寶石同樣比較好使，但內環的「美人尖」難保不會劃破紙面；「波樂型」寶石不容易滑掉，但要取下也更費事。純種寶石永遠有「改裝」的空間，大家也會不斷地這麼去做。但要找到跟純種寶石的表現一樣這麼全面的設計，也絕非易事。

除了桌上型迴轉收納盒以外，威樂氏還在包裝盒裡附了一頁廣告，上面詳列了同家族中其他產品的產品標號與品項名稱，包含一系列的辦公室常備用品：

130 印章架（Stamp Rack）

176 桌上型旋轉式文具收納盒（Carousel Desk Tidy）

006 雙滾筒沾溼器（Twin Roller Damper）

1365 沾溼器（Damper）

1502 郵票沾溼板（Moistener Stamp Pads）

另外還有一系列威樂氏品牌的訂書機跟訂書針：

347 長臂裝訂器（Long Arm Stitcher）

300 獵鷹訂書機（Falcon）

325 溫莎訂書機（Windsor）

330 圖釘槍（Tacker）

23 訂書針移除器（Staple Remover）

321 鷸式訂書機（Snipe）

5 英國文具專門店，一八九三年成立於倫敦，目前在英國有二百餘家零售據點。

以及單孔鉗跟打孔機：

4362　重型單孔鉗（Heavy Duty Punch）
4363　輕鬆單孔鉗（Easy Punch）
950　孔眼機／單孔鉗（Eyeletter & Punch）
4314　閃電打孔機（Lightning）
4316　重型打孔機（Heavy Duty）
4324　四孔打孔機（Four Holes）

威樂氏品牌旗下有超過七十五種不同尺寸的橡皮筋，五種不同大小的橡膠指套（thimblette）[6]。另外，威樂氏的桌上型托盤組（desk tray unit）有三層或五層的兩種，展開方式則可以選擇「旋塔式」（swivel arrangement）或「升起式」（riser arrangement）；削鉛筆機有桌上型六款，口袋放得下的「隨身型」三款；標示地圖位置用的美式圖釘（map pin/push pin）有二十種顏色，包裝有一管一管的，也有透明泡殼（blister pack）的；文件櫃（cabinet）有三種尺寸，可供存放微縮膠片（micro-fiche）或索引卡（index card），索引卡又分5x3吋、6x4吋或8x5吋三種規格。每組產品的照片都以亮色為背景，全都閃耀著舊時彩色報紙附刊所特有的亮面質感。此外，每樣東西的色澤看起來都濃重而閃閃發光，就像泡過糖漿。從這些產品的身上，我們看得出那年代對橘與棕的配色有多麼飢渴與沉迷，連當時還太小，記憶其實並不清晰的我都不由得心生「思古之幽情」。

我在威樂氏迴轉收納盒的第三格裡，放的是鍍著黃銅的圖釘。顧名思義，圖釘原本是讓繪圖員固定稿紙用的，而且從單純的大頭針演變而來，圖釘應該歷經過不同的外型與設計。就跟迴紋針的發展歷程一樣，誰發明了我們今日所熟知的圖釘，是件存在著爭議的事情。有人把這殊榮頒給了奧地利工程師漢瑞奇・薩克斯（Heinrich Sachs）。薩克斯的圖釘設計於一八八八年，其主體是一小圓鋼片，中間打下一個V型的狹窄凹槽，然後壓下去的部分再折回來做成「釘」的部分。這種設計在英國算不上普及，但在世界各地倒一直頗受歡迎。

一般比較常見的圖釘，包括在我放在迴轉收納盒裡的那種，是屬於黃銅的版本，在美國比較常叫「thumbtack」——小小的黃銅傘頂下安著一根短刺。有人說發明這種圖釘的是德國錶匠約翰・克爾斯頓（Johann Kirsten），時間大概是一九〇二年到一九〇三年間。有一說是在發明圖釘之前，克爾斯頓（無疑跟很多前人一樣）將就著用大頭針（straight pin）來按住產品的設計圖。有天他想到如果大頭針的頭部是一個平面，那拇指在往下壓的時候不是會輕鬆很多嗎？有這發想的他於是敲打出一小圓銅片，然後在中間插入一根釘子。不過從這設計當中獲利的並不是克爾斯頓本人。克爾斯頓確實賣了一些不算多的圖釘給在地有繪圖需求的工匠，但他手頭還是很緊（這多半是因為他酗酒的關係，據稱他曾經叫過馬車只為了把自己從家中載到近在隔壁的酒店，自己的小孩卻丟在家裡嗷嗷待哺）。缺錢的克爾斯頓出於無奈，把圖釘的設計賣給了工廠老闆亞瑟・林德斯泰特（Arthur Lindstedt），但亞瑟也不太受老天爺

6　源自於「頂針」（thimble），但不同於金屬材質的頂針是用來保護手指，不會在縫衣時被針刺傷，「指套」的作用是用來增加翻頁或數鈔時的磨擦力，又名「橡膠手指」（rubber finger）。

眷顧，因為他買到的設計其實有缺陷，主要是圖釘的頭在按壓的時候會脫落，而這一點嚴重地限縮了該產品的市場潛力，畢竟這樣的東西幾無功能性可言。亞瑟的弟弟奧圖（Otto Lindstedt）接手公司後，要員工想辦法修正這個問題，最後弄好的才是奧圖在一九〇四年一月八日送到柏林去申請專利的東西，歷史性的專利號碼是「154 957 70 E」。按照這個重生的設計，工廠裡一個工人一天可以做出數千枚圖釘外銷歐洲各地，奧圖因此賺到了錢（亞當．斯密[7]應該會很以他為榮吧）。至於克爾斯頓之名，則早就被遺忘在歷史的長流當中了。

嗯，或許沒有完全被遺忘啦。二〇〇三年，德國利興（Lychen）郊外一家小旅館的主人克莉斯塔．柯特（Christa Kothe）自掏腰包，蓋了一座雕像來紀念圖釘發明的一百週年。這座雕像就位在旅館的外頭，而沒有立在利興的市中心或克爾斯頓的小工廠原址。有人因此說這顯示所謂的紀念只是旅館的宣傳花招，而不是真心想要給文具幕後的無名英雄一點溫暖。事實上，克莉斯塔不只沒把雕像放對地方，她連圖釘發明的國家都搞錯了。還有，如果真是要紀念圖釘的一百週年，那克莉斯塔也晚了好幾十年，因為克爾斯頓的圖釘根本不是史上第一——差遠了。

《牛頓英語字典》（*Oxford English Dictionary*）給「圖釘」（drawing pin）下的定義是：「用來把繪圖紙固定在板子上、書桌上或其他平面上的平頭針狀工具」，還附上一八五九年F．A．葛利菲斯（F.A. Griffiths）所著《炮兵手冊》（*Artillerist's Manual*）一書裡的行文當例句：

使用若干圖釘（drawing-pin）將之牢牢固定在……

其實我們還可以把時間再往前推。一八二六年，《藝術與科學事典》（*The Register of the Arts and Sciences*）也在第三冊裡提到了圖釘：

> 如果一個精巧的圖釘可以固定在那個位置，然後朝圓圈的中心打進去，這樣各種半徑就可以輕易畫得非常準確。

這一段描述其實沒有清楚交代文中「圖釘」的樣貌。這「圖釘」有可能只是長年所使用大頭針的一種變形，畢竟文中說到「精巧」，所以我們不得不這樣合理地懷疑。另外文中提到這種「圖釘」的用途也不是固定紙張，而是拿來幫忙畫出更圓潤的弧線，所以這東西也可能一點也不像我們今天印象中的圖釘。這樣想的話，我們好像不應該那麼快將克爾斯頓的典故棄如敝屣，不過，若想看更確切符合現今圖釘定義的描述也不是沒有。在一八四四年的《美國家用木工》（*The American House-Carpenter*）書中，作者勞勃．葛利菲斯．哈特菲爾德（Robert Griffith Hatfield）有一段話是這麼說的：

7 Adam Smith（1723-1790），著有知名的《國富論》（*The Wealth of Nations*），為自由貿易與資本主義奠定了理論基礎。

圖釘是黃銅的鈕子下面突出一截鋼針，四角各插一支就可以把紙張固定在板上。

類似的描寫還出現在強·佛萊·海勒（John Fry Heather）一八五一年的「數學用具論」（Treatise on Mathematical Instruments）中：

圖釘的構成為黃銅的頭部，以及與頭部平面呈直角的鋼製尖端。

為了澄清這裡所說的「圖釘」跟現代的圖釘無異，我必須說海勒還在書裡加入了圖示，經我確認是今天深受大家熟知與熱愛的圖釘無誤。可憐的老約翰·克爾斯頓，圖釘果然不是他的發明。但他可以安慰自己的是，跟「發明」迴紋針的另外一位約翰（約翰·瓦勒）一樣，在身後數十年，他也有自己的同胞不辭辛勞，但不是很考究地替他立了像。這也算是備極哀榮了吧。

說到這，圖釘感覺像是流淌著歐洲的血液，但我在迴轉收納盒的第四格裡收著的卻是「美式圖釘」（push-pin），一九〇〇年由愛德溫·摩爾（Edwin Moore）設計於紐澤西。在攝影暗房裡工作的摩爾一直想讓洗照片、曬照片變得更簡易，主要是他對固定膠卷或照片的圖釘很不滿意：

（但）我發覺這東西（傳統圖釘）用起來有很多不足之處。要插照片的時候，圖釘的身體沒有地方讓手指握緊，結果是手指會滑掉，底片輕則髒汙，重則破損。還有就是用來洗片子的化學溶液會侵蝕金屬製成的圖釘與釘帽，鏽蝕的結果一樣會讓底片上留下汙漬。

摩爾對此提出解決之道，按照他的說法，就是個「有把手的圖釘」。一截短針安在玻璃材質，而且明顯變小了的圖釘頭部上。在其中一個版本裡，摩爾讓圖釘的頭部愈往上愈小，目的是騰出空間來進行「適當的裝飾」。摩爾甚至以圖示說明了他希望裝上去的動物頭部造型（可能是豬，也可能是狗或熊，他畫得不是很清楚）。離開攝影這一行後，摩爾自行拿出一百一十二・六〇美元的資金創業，生產的東西正是初出茅廬的「美式圖釘」。他晚上開工生產圖釘，隔天白天拿出來賣。他接到的第一筆訂單是一籮（gross，即十二打，一百四十四個），賺進來兩塊美元。還好，大單慢慢敲進，沒多久他拿到一張伊士曼・柯達公司（Eastman Kodak Company）的訂單，貨款總金額是一千美元。賺到一點錢以後，摩爾趁勝追擊，繼續投資，但這一次他投資的重心不是生產製造，而是廣告行銷。（摩爾的廣告處女秀是一九〇三年的《仕女居家》（*The Ladies' Home Journal*）雜誌，廣告費用是一百六十八美元）。結果這錢花得非常值得，摩爾公司的業績突飛猛進。事實上，摩爾美式圖釘公司（Moore Push-Pin）至今還在。公司如今生產好些個「小東西」，包括**我迴轉收納盒裡的第五格裡**那些上頭有編號與圓頭的地圖用圖釘（map pin；頭部為球形的長瘦圖釘）、號稱超級穩的Pic-Sure-StayÒ、往牆上一按就行了的Snub-ItÒ相框掛鉤、Tacky-TapeÒ膠帶等——當然不可少的還有身為公司「開國元勳」的各式美式圖釘。比較遺憾的是原版的玻璃頭樣式已經絕版，現在公司旗下的美式圖釘有塑膠、鋁、木質等系列產品，以及新加入的 Thin PinÔ——一種被「壓扁」了的美式圖釘，不想把紙給刺個洞的時候可以把 Thin Pin 折彎九十度來當成夾子使用。

相對於出身歐洲的傳統圖釘，美式圖釘有幾個明顯的優點。首先，當然是多了「把手」，美式圖釘變得比傳統圖釘好拔非常多，尤其如果使用者按得很用力，整根圖釘陷得很徹底，圖釘跟紙面之間完全沒辦法「見縫插針」的話。一九一六年有某期《通俗機械》（*Popular Mechanics*）雜誌介紹過有人也想嘗試解決傳統圖釘不好拔的問題，當中描述的圖釘有著：

> ……半圓形的提把，提把兩端分別下彎卡進圖釘頭部兩邊的洞裡。圖釘頭部的兩個半徑會一長一短，這樣提把扳下來的時候才有空間躺平，圖釘的頭部才能形成一個完整的圓形。

聽起來很複雜是吧？真的很複雜，而且是沒必要的複雜。於是乎這個設計沒有得到共鳴，也就不足為奇了，畢竟美式圖釘才是效果一樣但設計簡潔許多的最佳解方（不過跟傳統圖釘比起來，美式圖釘的形狀特殊，用起來沒辦法「服服貼貼」。所以美式圖釘較不適於在狹窄走道上的布告欄上使用。硬要這樣用，就得承擔被冒失鬼的肩膀掃到，讓A4紙張在空中如蝴蝶般飛舞的風險——誰知道在落地之前，會發生多麼「不」嚴重的後果）。

美式圖釘的另外一項優勢是大幅降低了文具造成的意外傷亡，畢竟在「文具界」裡，圖釘可是惡名昭彰的殺手。傳統的圖釘往往是頭上腳下落地，釘尖朝上，就像是陷阱在等人的腳丫子踏上去一樣（無辜又疑惑的受害者一出現，我們首先會聽到一聲慘叫，然後狼狽的當事人會單腳跳到最近的椅子上坐下。如果柔軟度足夠，他可以蹺起腳來看到腳底板上垂著肇事的元兇）。今天掉到地上的如果是美式圖釘，事情就會出現轉機。主要是美式圖釘的頭重腳輕遠不及傳統圖釘嚴重，所以一旦掉到地上，基本上美式圖釘並不會翻過去，而是會側躺著。說到這個，要是RC海麥特肉品有限公司（RC Hammett Butchers Limited）的老闆們用的是美式圖釘就好了。這樣住在英國南清福（South Chingford）的桃樂絲・尼可斯太太（Mrs. Doris Nichols）就可以逃過一劫了。一九三二年的六月十八日，尼可斯太太在家附近買了隻雞跟五份豬肉派，稍晚她很開心地埋首豬肉派，正當成晚餐在大快朵頤時，突然感覺嘴裡靠近喉嚨的地方一陣劇痛。她用手去掏，結果拔出來的竟是一根圖釘。經此一傷，她的喉嚨先是發了炎，之後看了醫生也不見好轉，喝水進食都變成難事。「六月二十二日她的病情急速惡化，」《泰晤士報》（*The Times*）報導，「六月二十三日與二十四日她開始咳血。」然後是我在報上讀過最驚悚的一句話：「六月二十五日，她『大』出了一顆圖釘。」

海麥特的人坦承錯誤，但也強調這是個「任何地方都會發生」的意外。他們說是有人「把桌上的帆布給拆了，原本固定桌布的圖釘就隨手丟在桌上，結果外送的人好死不死，正好把派壓在了圖釘上」。不難想像，尼可斯女士花了好些時間才走出陰影，但她還是在短短幾個月裡瘦了近兩英石（等於二十八磅，約十二・七公斤）。在同年十二月的法院審理中，治療桃樂絲的醫師布萊恩・巴克利・夏普（Dr. Bryan Buckley Sharp）的解釋是「再『ㄍㄧㄥ』的女性，都承受不了這種驚嚇，都會崩潰」。程序走完後，主審的麥可奈頓（MacNaghten）法官判決尼可斯女士可以獲得兩百英鎊的賠償，還說「他想不出有什麼事情比呑圖釘更折磨人了，任何人來上這麼一次都會終生難忘吧。」但法官也接受這件事「顯然是意外」，也同意「豬肉派是無辜的」。

我在威樂氏 1377 迴轉收納盒的最後一格裡，放的是兩打「瑞客超級紙夾」（Rapesco Supaclip）發送器專用的不鏽鋼夾。瑞客超級紙夾發送器是「佩茲糖果匣」（Pez dispenser）跟「音速螺絲起子」（Sonic Screwdriver）[8]在文具世界裡的愛情結晶。作為一個小型的透明手持裝置，瑞客超級紙夾發送器內建有彈簧，使用時用拇指施力把夾子推出去。推出去的時候，有著金屬鉗子外形的專用不鏽鋼夾會受力而「張開嘴巴」，離開發送器後則會瞬間「閉嘴」，同時緊緊地把目標紙張給夾在一起。想重覆使用，日後用手即可把文件上的夾子取下。瑞客公司形容 Supaclip 是「第一名的原創文具」，還很有自信地擔心大家會等不及要來山寨這個超級產品：

> 跟迴紋針永別，並請慎防仿品。一次夾四十頁 SupaclipÒ40 發送器可以，仿品不行。

瑞客的擔心或許也不是沒有道理。畢竟有件事情他們已經被問到爛，最後索性放進「常見問題」的網頁裡一勞永逸：

> 問：Supaclip 的夾子，其他品牌的發送器裝得進去嗎？
> 答：可能可以，但用起來不能保證不出問題。

回到威樂氏。威樂氏的商標一九四六年的三月十四日由睿斯・皮奇福德公司（Rees Pitchford & Co. Ltd）登記，載明販售的產品類別包括：

> 非以相片裱幀作為主要用途的黏性材料（文具）；美術刷筆；辦公耗材與設備（不含家具）與印刷刻版但不含刀、鉗、打孔器或其他與排除項目描述相同的品項。

在登記之前，威樂氏這牌子其實已存在一段時間了。睿斯・皮奇福德公司的前身是成立於二十世紀初的法蘭克・皮奇福德公司（Frank Pitchford & Co.）。一九三〇年代末期，公司正式更名為睿斯・皮奇福德，威樂氏三個字也活躍了許多年，包括公司旗下的訂書機、削鉛筆機跟打孔機上，都驕傲地打上了代表威樂氏品牌的「V」字標誌。但就跟很多命運相同的文具品牌一樣，威樂氏最終還是不敵商場上的弱肉強食。二〇〇四年，威樂氏正式易幟，由ACCO品牌（ACCO Brands）入主。

乍聽之下，ACCO品牌公司（ACCO Brands Corporation）好像很陌生，但它其實是間國際級的辦公室用品大廠，而大廠做的事情就是吞併小公司，收編獨立品牌到ACCO的「大家庭」裡。一九〇三

8 英國國家廣播公司（BBC）老牌科幻影集《超時空博士》（Doctor Who）裡的多功能工具，主要的任務是開鎖。

年成立時還叫美國文件夾公司（American Clip Company）的ACCO，如今的附庸已包括威爾森強森（Wilson Johnson）——一八九三年成立，「三孔活頁夾的創始公司」、Swingline——一九二五年成立，「訂書機第一品牌，訂書機／打孔機／裁紙器等辦公效率提升用品領導者」、通用裝訂公司（General Binding Company）——一九四七年成立，「裝訂／護貝設備與耗材」的國際級品牌）、雷賽爾（Rexel）——「累積七十年設計與創新經驗，雷賽爾產品涵蓋碎紙機、裁紙機，乃至於各類公文歸檔用品與桌面輔助工具」與德溫鉛筆（Derwent Pencils）——「一八三二年起在英國坎布里亞（Cumbria）開始生產鉛筆，我們自詡製筆工藝已臻於極致」等若干品牌。

所以威樂氏就這樣，沒了，被吸進面目模糊的跨國公司裡，不見了。威樂氏的名字還在，但也只是苟延殘喘。雷賽爾用威樂氏的品名生產一系列製作成衣用的眼孔鉗（eyelet punch），但這等於讓雷賽爾從做辦公室必備用品與經典文具變成做裁縫工具，我對裁縫沒興趣，我有興趣的是文具。但這種變遷有這麼重要嗎？我還不是回到家鄉的小書店裡，才知道有威樂氏這個牌子嗎？這個名字的前世今生，我有必要這麼在意嗎？問題是我一想到威樂氏，就會想到其他類似的公司，那些我無緣認識甚至不曾耳聞的公司。如果威樂氏的命運如此，其他公司的遭遇又是如何呢？這一切的一切或許微不足道，但總是我們共同的文化遺產，豈知那些曾經家喻戶曉的名字如今已然消失，連曾經存在過的證據都幾已杳無蹤影，我們今天琅琅上口的姓名，哪些又終將墮入記憶的廢墟呢？更揪心的是我想到了人，我想到毫不起眼的文具背後是活生生的人，品牌有名字，他們也有；品牌有生命，有歷史，他們也有。他們是誰？他們有過什麼故事？寫這本書的我想要一探究竟。

第十四章

文具不死，筆墨萬歲

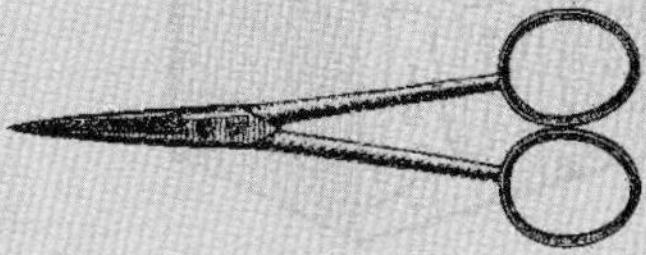

若說文具史就是人類的文明史，其實不算太浮誇。用來自印度河流域文明（Indus valley）的直尺來劃一條直線，線的一頭若是把燧石黏上木頭作成矛的瀝青，另一頭就是百特口紅膠（Pritt Stick）。同樣這條線的左邊若是石洞壁畫上的色素，右邊就是原子筆墨水；左邊如果是古埃及的莎草紙，右邊就是A4影印紙；甚至於左邊如果是在古代石版上刻字的針筆（stylus），右邊就是現代人上學用的鉛筆。總之人類為了思考，為了創造，把東西寫下來是一種需要。東西寫下來才有利於我們整理思緒；而為了把東西寫下來，我們需要文具。

又或者應該說為了達到這個目的，我們「曾經」需要文具。現在呢？現我們有電腦，有網路，有電子郵件信箱，有智慧型手機，有平板電腦，我們紀錄思緒與創意的能力已經獨立於紙筆之外了。我們可以在公車上用手機打一小段東西，到家電腦一開就無縫接續，沒有資料不能同步、不能建立索引、不能儲存在雲端、不能隨時隨地隨心所欲地用電子裝置打開，附加的任何檔案也都會好好地在那等你。我們再也不用手足無措地用紙片把想到的事情寫下來，也不用擔心寫完不知道丟到哪去；我們再也不用怕看不懂自己在鬼畫符什麼，不用怕筆寫到一半沒水，不用怕鉛筆寫到一半斷掉，也不用怕墨水在紙上糊掉。未來的一切的都是那麼順暢、無縫跟快捷。

原子筆又該何去何從？有可能再過幾年文具就玩完了嗎？我想不至於。文具源遠流長，豈能說亡便亡？文具只是需要一點調整，只是需要更清楚的定位。兼具作家與科技人身分的凱文·凱利（Kevin Kelly）說過科技作為一個「物種」是不會死的。就連看似滅絕了的科技都還是以某種形式延續了命脈，在某處留下了香火。有可能是融入了其他的形式或規格，有可能轉型為玩具或消遣，也有可能變成收藏家或玩家的珍藏。凱利寫道：

> 扣除極少數的例外，科技確能永生。這是他們跟生物物種不一樣的地方，生物不論演化多久，終究還是難逃滅種。科技奠基於概念，而文化就是科技的記憶體。科技遭到遺忘可以喚醒，怕被忽視，可以（用日新月異的手法）紀錄下來。科技是永恆的。

燈泡發明出來，大家自然不會再把蠟燭當成照明的工具，但蠟燭並沒有因此消聲匿跡，只不過使用的場合變了。蠟燭從照明技術變成了一門藝術，看到蠟燭我們現在會開心地想到浪漫，不會難過地想到火災。黑膠唱片放起來畢畢剝剝，音質談不上完美，卻比CD或MP3多了幾分溫暖與專屬的魅力。想像一下握本書在手中的觸感，我是說紙張、墨水與黏膠組合起來的那種書，再跟電子書比較一下，感覺是不是很不一樣（哈囉，如果你是用Kindle在讀這本書，我只能說沒買實體書是你的損失）。文具的諸多不足之處——包括墨水會糊掉、筆記本的紙會破掉，也正好是文具吸引人之處。滑鼠點幾下，電腦裡的檔案就可以複製再複製，分享再分享，但手寫的書信無二獨一，是某人寫給某人的心血結晶。就算只是在便利貼上寫下電話號碼，也代表了收受雙方的某種碰觸與聯繫。碰觸代表某種意義，人都喜歡意義。

即便數位化的進程難以逆轉，人類還是喜歡碰觸與實物所提供的安全感。用不同的材質或形式來複製實物質感的擬真設計（skeuomorphic design）一直都很受軟體設計師的重用，優點是使用者一看就懂，馬上就能理解如何跟機器互動。視覺化的比喻，包括像用放大鏡來代表「搜尋」，或用螺絲跟螺帽來代表「設定」，都非常容易讓人看懂，而這些圖型之所以好懂，是因為它們訴諸我們的生活經驗。在《我們如何變成後人類》（*How We Became Posthuman*），N．凱薩琳．海爾斯（N. Katherine Hayles）形容擬真設計是「一種門檻裝置，用以舒緩從一個概念星群到下一個概念星群的過渡。」用「桌面」來稱呼作業系統的主畫面，加上把辦公室的「桌面」整個搬到電腦螢幕上，就是個典型的範例。這樣的作法首先由蘋果公司運用在一九八三年的麗莎（Lisa）電腦上。在麗莎上市前，葛雷格．威廉斯（Gregg Williams）曾經為《位元》（*Byte*）雜誌寫過評論，裡頭引用了一位電腦工程師說「這部計算機涵蓋文書處理、檔案管理、電子郵件等廣泛的功能。」在這之前，文件的分送與儲存都是獨立存在的功能，各自由不同的設備負責（打字機、印有「限內部使用」字樣的橘色信封、檔案櫃等），但現在這些事情統統可以在一小方灰色盒子上完成。

威廉肯定「桌面」設計的價值，他表示使用「像檔案夾跟報告這類常見物體的圖示」可以讓使用者覺得安心，覺得自己的資料很安全。

> 「畢竟，」這些設計像在告訴你，「電腦檔案可以莫名其妙消失，但檔案夾、報告跟工具不會。檔案如果消失了，一定會有個合邏輯的解釋——要麼是你刪掉了，要麼是你把檔案歸到其他位置了。不論是哪種狀況，事情都一定還有轉圜的空間。」

嗯，通常都還有救回來的機會啦。

除了桌面的概念被拿來使用以外，文具也是電腦擬真設計裡的重要元素：迴紋針按下去就可以替電子郵件附加檔案；未開的信封代表收到新信；繪圖軟體 Photoshop 裡有筆、刷筆、鉛筆、橡皮擦；網誌／內容管理軟體 Wordpress 裡會用美式圖釘來代表新的文章（post）；「筆」代表要撰寫新的電子郵件；剪貼板（clipboard）跟剪刀代表剪下跟貼上；設計得像法務札記本（legal pad）的筆記 App；螢光筆和便利貼的圖示大家也很熟悉。擬真的設計普及可見一斑。

當然我們不是只有在給電子郵件附加檔案的時候，才看得到虛擬的迴紋針。而且說到數位迴紋針，就不能不提以一己之力惹毛千百萬使用者的 Clippy。但這真的不是我們挑剔，而是 Clippy 老是在人用 Word 寫信時跑出來嚇人一跳說：「你好像在寫信，需要幫助嗎？」Clippy 誕生於一九九七年的微軟 Office 97，Office 2007 推出時才壽終正寢。Office 的小幫手其實不只一種造型（其他還有一位管家、一台機器人，還有一位巫師），但 Clippy 是預設的角色，也是爭議最大的角色。把 Clippy 設計出來的是來自美國華盛頓州柏衛市（Bellevue）的繪圖師凱文・阿特貝利（Kerry Atteberry）。初選階段有出自二十名畫師之手的兩百六十名角色競爭，後來經由廣泛的使用者實測之後，候選的名單減到十個角色，其中阿特貝利一個人就貢獻了兩個，包括排名第一的 Clippy。

Clippy 很顯然是以寶石（Gem）迴紋針為藍本，但為了騰出眼睛的空間而在比例上做了一些調整（鐵絲的兩端顯然比正常的寶石迴紋針短）。阿特貝利之所以選擇這樣的設計，是因為他認為寶石是「最經典的迴紋針」，而這樣的選擇不僅反映了寶石經典地位，也進一步強化寶石的歷史定位。不過這樣的設計並沒有給 Clippy 太多空間展現個性，阿特貝利被迫得用眼睛跟眉毛來做表情（阿特貝利解釋說這兩個部位是「表達情緒的強大媒介」）。一開始，阿特貝利並沒有注意到 Clippy 的名氣，畢竟他本身用的是蘋果的麥金塔電腦。但隨著他拜訪客戶跟朋友，看到別人用 Word，他才知道原來 Clippy 這麼出名。不過出名有分美名跟臭名，Clippy 的狀況是第二型。「使用者（對 Clippy）要麼愛到發狂，要麼恨之入骨，」阿特被利說，「完全沒有灰色地帶。討厭它的人發現 Clippy 是我畫的，通常都會有點不好意思而道歉連連，但也不會因此就喜歡上它。」

這些視覺化的比喻甚至可以讓照講應該要壽終正寢的手法續命，結果就是很多超復古的概念還有苟活的空間。一九七〇年代，全錄公司（Xerox Corporation）的賴瑞・泰斯勒（Larry Tesler）跟他在帕羅奧圖研究中心（Palo Alto Research Center）的團隊開發出了「剪下貼上」（cut and paste）的應用程式功能，直到今天這已經是家喻戶曉的語言用法，但其實把報章雜誌的某一頁東西剪下來貼到其他地方的作法，幾乎已經完全在辦公室環境裡消聲匿跡。同樣地，智慧手機上的「撥話」（call）功能還是用老式的話筒造型來代表，雖然這種老派的啞鈴式話筒已經很少見了。

在賈伯斯（Steve Jobs）的領導下，蘋果公司重用了擬真設計（iCal 界面上的皮革車縫線，靈感很顯然是來自於從賈柏斯的灣流型私人噴射機內裝）。但在強納生・伊夫（Jonathan Ive）接替史蒂夫・弗爾史托（Steve Forstall）擔任蘋果的人機介面設計（Human Interface Design）部門主管後，二〇一三年推出的作業系統 iOS 7 已經大幅減少了畫面上的實物元素。至於對手微軟用在 Windows 8 跟 Windows Phone 上使用的 Metro 設計語彙與介面，則很顯然刻意要跟蘋果「濫用」了的擬真設計有所區隔。微軟 Metro 強調的是字型設計、乾淨，以及「原汁原味數位」的二維平面設計（flat design）。

隨著在智慧型手機與平板電腦上，擬真元素慢慢交棒給質樸的二維平面設計，我們反而將更能體會到實物的美好（摸得到、有重量的實物，不是貼上數位假皮的虛擬實物）。而沒有了擬真設計的推波助瀾，在紙上跟在平板上寫字的差別會更加彰顯。這兩者各有優點，但說到底這是兩種目的不同的活動。兩者不再互相掣肘後，各自將有一片更廣闊的天空。

所以那些急著要判手寫死刑，那些滿心期待著萬物歸一元，期待著人工智慧超越人性的科技福音論者，你們高興得太早了。文具還沒有要壽終正寢，文具既能伴隨著古老的文明誕生，就不會被網際網路這初生之犢給弄到一命嗚呼。話說筆可不會進了隧道就突然斷線；鉛筆不用擔心沒電；Moleskine 不用擔心訊號太差，也不會當機了而沒有存檔。

書寫不死，筆墨萬歲！

誰把橡皮擦戴在鉛筆的頭上？——文具們的百年演化史

作者——詹姆斯．沃德
主編——林芳如
執行企劃——林倩聿
封面設計——莊謹銘
發行人——趙政岷
出版者——時報文化出版企業股份有限公司
10803台北市和平西路三段二四〇號四樓
發行專線／(02)2306-6842
讀者服務專線／0800-231-705、(02)2304-7103
讀者服務傳真／(02)2304-6858
郵撥／1934-4724時報文化出版公司
信箱／台北郵政七九～九九信箱
時報悅讀網——www.readingtimes.com.tw
電子郵件信箱——ctliving@readingtimes.com.tw
新潮線臉書——https://www.facebook.com/tidenova?fref=ts
法律顧問——理律法律事務所 陳長文律師、李念祖律師
排版——宸遠彩藝有限公司
印刷——勁達印刷有限公司
初版一刷——二〇一五年九月二十五日
初版二刷——二〇一九年二月一日
定價——新台幣三三〇元

時報文化出版公司成立於一九七五年，
並於一九九九年股票上櫃公開發行，於二〇〇八年脫離中時集團非屬旺中，
以「尊重智慧與創意的文化事業」為信念。

誰把橡皮擦戴在鉛筆的頭上？——文具們的百年演化史／詹姆斯·沃德著
--初版.--臺北市：時報文化,2015.09
288面；14.8x21公分--(生活文化；33)

ISBN 978-957-13-6412-4(平裝)
479.9 104004913

Printed in Taiwan